国家社科基金教育学一般课题“区域推进现代海洋教育的探索与实践”
（BHA140113）成果

中小学海洋教育精品拓展课程丛书

海洋艺术与制作

HAIYANG YISHU YU ZHIZUO

徐朝挺　主　编
张玲燕　副主编

海洋出版社
2021年·北京

内容简介

主要内容：本书共包括海韵鱼拓画、渔网网艺、海味立体造型和海鲜烹饪 4 个专题。每个专题通过 8~10 课时，分别对鱼拓、网艺、立体造型及海鲜烹饪的基本知识、主要分类、制作方法及欣赏进行了介绍。

本书特色：图文并茂、步骤清晰，在强调知识性、操作性、趣味性与拓展性的同时，潜移默化地使学生掌握各方面海洋知识。

适用范围：可作为中小学海洋教育知识读本，也可供教师指导学生进行相关技能学习时参考。

图书在版编目（CIP）数据

海洋艺术与制作 / 徐朝挺主编. -- 北京 : 海洋出版社, 2021.1

（中小学海洋教育精品拓展课程丛书 / 周磊斌主编）

ISBN 978-7-5210-0689-6

Ⅰ. ①海… Ⅱ. ①徐… Ⅲ. ①海洋－教育－青少年读物 Ⅳ. ①P7-49

中国版本图书馆 CIP 数据核字(2020)第 248360 号

责任编辑：张鹤凌
总 编 室：（010）62114335
责任印制：赵麟苏
排　　版：申彪
出版发行：海洋出版社
地　　址：北京市海淀区大慧寺路 8 号
100081
经　　销：新华书店
技术支持：（010）62100057

发 行 部：（010）62174379
（010）68038093
网　　址：www.oceanpress.com.cn
承　　印：中煤（北京）印务有限公司
版　　次：2021 年 1 月第 1 版
2021 年 1 月第 1 次印刷
开　　本：787mm×1092mm　1/16
印　　张：9.5
字　　数：181 千字
定　　价：67.00 元

本书如有印、装质量问题可与发行部调换

本社诚征教材选题及优秀作者，邮件发至 hyjccb@sina.com

编写委员会

丛书总主编：周磊斌

丛书总副主编：周剑挺　刘训华　戴建明　徐朝挺

本书主编：徐朝挺

本书副主编：张玲燕

本书编写人员（按姓氏笔画排列）

王锋光　孙　琳　张舟燕　张玲燕

周久凯　徐朝挺　殷白露

序言

PREFACE

我国既是陆地大国，也是海洋大国，拥有广泛的海洋战略利益。经过多年发展，当前我国海洋事业总体上进入了历史上最好的发展时期。这些成就为我们建设海洋强国打下了坚实基础。2013年，习近平总书记就指出：建设海洋强国是中国特色社会主义事业的重要组成部分。要进一步关心海洋、认识海洋、经略海洋，推动我国海洋强国建设不断取得新成就。党的十九大做出了加快建设海洋强国的重大部署，对实现全面建成小康社会目标、进而实现中华民族伟大复兴都具有重大而深远的意义。2020年3月29日，习近平总书记在宁波舟山港穿山港区考察时指出，宁波舟山港在共建“一带一路”、长江经济带发展、长三角一体化发展等国家战略中具有重要地位，是“硬核”力量。要坚持一流标准，把港口建设好、管理好，努力打造世界一流强港，为国家发展做出更大贡献。

为了更好地落实国家海洋强国战略，2020年，浙江省政府工作报告提出“谋划建设全球海洋中心城市”，由宁波、舟山分别启动全球海洋中心城市建设。这是浙江省坚持“八八战略”，建设“海上浙江”的重中之重，更是将浙江建设成为新时代全面展示中国特色社会主义制度优越性的重要窗口的最重要内容之一。

2020年11月，党的十九届五中全会在《中共中央关于制定国民经济和社会发展第十四个五年规划和二〇三五年远景目标的建议》中再次指明要“坚持陆海统筹”“发展海洋经济”“建设海洋强国”。

随着从国家到地方一系列海洋战略的部署与实施，对舟山全体教育工作者来说，如何进一步提高中小学生及广大人民群众的海洋意识，开展中小学海洋教育实践，为各级海洋战略提供基础人才支撑和营造良好的海洋治理氛围，是所有教育人士迫切需要面对的问题。

为此，普陀区教育局从20世纪80年代开始就致力于区域推进海洋教育的探索，先后开展了海洋环保教育、海洋可持续发展教育，并于2011年提出推进现代海洋教育的思路，相应的课题也入选2014年度全国社会科学基金课题，所编写的中小学海洋教育地方课程《现代海洋教育读本》也顺利出版。2018年，“区域推进中小学现代海洋教育普陀样板的实践研究”入选舟山市首批教育品牌孵化培育项目后，普陀区教育局在与宁波大学等高校合作培养海洋教育教师、开发中小学现代海洋教育拓展课程、开发区域海洋教育资源、开展海洋教育教学等方面又做了大量的探索与实践。2019年，普陀区教育局组织一线教师编写出版了《中小学海洋教育理论与实践》，书中呈现了普陀教育工作者对中小学海洋教育的认识与价值取向、对海洋教育的实践与思考。

本丛书是中小学教师在开发海洋教育拓展性课程过程中认识、思考与实践的成果。根据课程特点，丛书分为四册：《海洋艺术与制作》《海洋美术与文学》《研究性学习与海洋环境保护行动》《海洋经济与海洋体育》。这些都是一线教师们集体智慧的结晶。

期望本丛书的出版能对广大中小学开展海洋教育、教师开发海洋教育拓展性课程起到一定的借鉴作用。

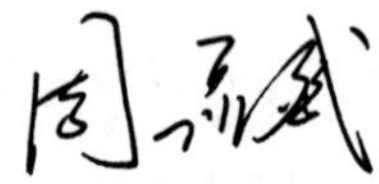

2020年8月

前言

FOREWORD

中国是一个海洋大国，我国主张管辖的海域面积约300万平方千米，相当于陆地面积的三分之一。在1.8万千米的大陆海岸线和1.4万千米岛屿岸线上点缀着数十个港口城市及无数的美丽渔村。在距海岸200千米的沿海地带，生活着约5.6亿人口——优良的地理位置和人口因素使沿海地带在我国国民经济中占有举足轻重的地位。这里特有的海洋经济已经成为国民经济的新发展极。党的十九大报告明确指出“坚持陆海统筹，加快建设海洋强国”。建设海洋强国，须根植于民众之中，实践于民众之中。要不断提升全民海洋意识，强化民众的海洋强国教育。舟山市普陀区教育局自20世纪80年代开始实施区域推进中小学海洋教育，至今已有40余年，其间培养了大量的海洋事业建设者和接班人，更是为舟山群岛新区建设贡献了基础教育的力量，也为全国中小学实施海洋教育提供了普陀样板。海洋教育的研究成果多次在国内外相关会议进行学术交流和在核心学术期刊发表，这些成果曾获浙江省基础教育教学成果奖项，相关成果《中小学海洋教育理论与实践》也成功出版。

近年来，在海洋意识与海洋知识的普及的基础上，经过不断深化和拓展，普陀区教育局开发了大量的海洋教育拓展课程。经筛选和教学实践检验，整理出17门中小学海洋教育精品拓展课程资料进行出版。这些课程组成四个分册，分别是《海洋艺术与制作》《海洋美术与文学》《研究性学习与海洋环境保护行动》《海洋经济与海洋体育》。

本册是《海洋艺术与制作》，主要包括四个专题：海韵鱼拓画、渔网网艺、海味立体造型和海鲜烹饪。每个专题通过8~10个课时，详细介绍了鱼拓画的创作；渔网网艺艺术品的设计与制作；海味立体造型微景观的制作和经典、地道的舟山海洋菜肴的制作。

本册由徐朝挺担任主编，张玲燕担任副主编。具体编写分工如下：专题一海韵鱼拓画由周久凯编写，专题二渔网网艺由殷白露编写，专题三海味立体造型由王锋光、张舟燕编写，专题四海鲜烹饪由孙琳编写。

在编写过程中参考了大量文献，参阅了很多的海洋教育相关书籍，得到了众多海洋专家和教育专家的帮助，在此一并表示感谢。编者学识有限，难免有所疏漏和不妥之处，敬请指正。

徐朝挺

2020年8月

目录

CONTENTS

专题一　海韵鱼拓画

鱼拓是一门古老的技艺，起源于宋代，称为“鱼折”，又称“胜负图”，主要是拓印自然鱼体制作而成。鱼拓将国画与拓印完美结合起来，以颜料与宣纸作为材料，通过书法、印章等多种艺术形式的结合形成独特的艺术效果。由于“鱼折”技术主要传承了我国历史悠久的碑拓技艺，因此后改称“鱼拓”。近年来，随着海钓的兴起，鱼拓也迎来新的发展机遇。

本专题先对鱼拓的起源、发展分类进行简要介绍；然后由易至难介绍几种鱼拓的制作，以期寓教于乐，能够有效提升学生的艺术素养和动手能力。

学习目标：了解海洋鱼拓的基本知识，能用墨拓、彩拓等技术开展鱼拓创作活动；在创作过程中，休验和感受海洋生物的形态美和色彩美，同时进一步感受海洋鱼拓的艺术之美；增强对海洋生物多样性的认知，培养保护海洋生物的意识，提升对海洋特色文化的兴趣。

一、鱼拓画概述

我国的鱼拓画起源于宋代，当时称作“鱼折”，又称“胜负图”，是为了参加鱼拓比赛而拓印下来的。鱼拓画是以颜料与宣纸为创作材料，拓印自然鱼体，结合印章、书法等形成的一种独特的艺术创作形式。鱼拓画的内容非常丰富，制作技巧多样，主要有直接拓印、间接拓印和叠拓。鱼拓画的呈现效果以墨拓和彩拓为主。

（一）鱼拓历史

鱼拓是一种将鱼的形象用墨汁或颜料拓印到纸上的技法和艺术，现存知名的古代鱼拓作品有清初曹溶所藏无名氏鱼拓及清代皇室宗亲溥儒所藏朱砂鱼拓。追溯鱼拓的发展历史，可以概括为以下两个阶段。

1.“墨汁鱼拓”阶段

“鱼折”技艺衍生自已在我国传承数千年的碑拓技艺，故后称“鱼拓”（日本至今仍将这种技艺称为“鱼折”）。早期的鱼拓是以墨汁作为颜料，在技法上与传拓技艺中的“乌金拓”极其相似，但作品缺乏层次感和明暗变化，几乎谈不上艺术价值，只是记录了所获鱼的大小（图1-1）。后来艺术家对墨汁进行了改良，将鱼拓作品中的鱼鳍拓出了透视感，这种拓印技巧深得早期传拓技法中的“蝉翼拓”的精髓。这时的鱼拓作品吸收了我国“全形拓”的一些技法，更注重作品的整体形态。

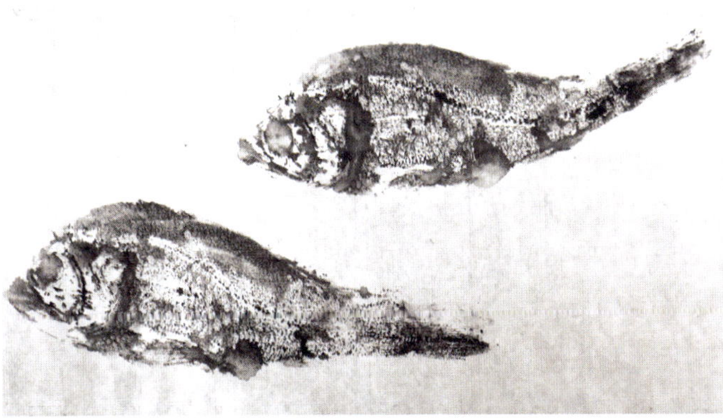

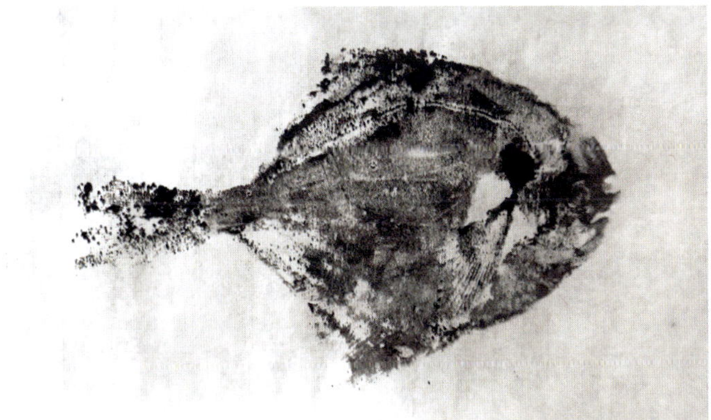

图1-1 墨汁鱼拓

2. “彩色鱼拓”阶段

鱼拓技艺发生根本性的变化出现在20世纪五六十年代。社会的进步、科技的发展，特别是颜料的创新，使彩色鱼拓的产生成为可能。彩色鱼拓的出现使鱼拓作品在技艺水平上从最初的拓出鱼形上升到可以拓出色彩层次的变化，从而表现不同鱼类的特点（图1-2）。在继承中国传拓技法的同时，艺术家又吸收了西方绘画技法，使拓印作品能够表现光线的明暗变化，赋予彩色鱼拓更强的真实感，使鱼拓作品更加新颖、生动。而在布局方面，则进一步吸收中国画技法，作品中并未出现水却给观赏者以强烈的“鱼儿戏水”的感觉，使鱼拓的技法和表现形式更趋成熟，更具鲜明的特色。自此，鱼拓彻底摆脱了记录渔获的单一作用，成为可供欣赏和收藏的艺术品。

图1-2 彩色鱼拓

（二）优秀鱼拓作品的标准

鱼拓艺术与摄影、绘画等艺术形式拥有共同点，即都是造型艺术。例如在构图上，这几种艺术形式都是互通的。但是，由于鱼拓是拓印下来的鱼形，又体现着自己的特点。

鱼拓能够将鱼形、鱼鳞乃至鱼体上的细部特征真实地反映出来，是其他几种艺术形式所不能比拟的。在色彩的运用上，鱼拓既要尊重鱼的原貌特征；局部上又要结合鱼儿在水中的光影变化以及人类的视觉审美习惯进行必要调整，使其真实地艺术化。一幅好的鱼拓作品应具备以下几点。

（1）鱼体着色浓、中、淡适宜，色彩过渡、衔接自然。要表现出鱼的立体感，就要通过色彩的浓淡变化来体现。包括鱼体、鱼鳍、鱼眼在内的各部分，色彩变化得自然，给人以立体而非平面图的感觉就是成功。

（2）鱼的轮廓、鳞的层次要清晰。鱼的轮廓反映的是鱼的第一印象，鱼拓就要真实地反映这种鱼的轮廓。鳞的层次是否清晰，主要体现在所用颜料上——用多了不能体现，用少了体现不出来，颜料的用量要适当，浓淡应恰到好处。

（3）眼睛要画得生动有神。在鱼拓作品中，鱼的眼睛是唯一需要作者动笔画的地方，因此一定要画出鱼的神采。

（4）无露白、起褶。鱼拓作品允许有一定的“飞白”，但面积不能过大而形成露白，这样才能更好地表现出光影效果。起褶是绝不允许出现的情况，特别是在鱼的背部，若有明显的起褶则作品失败。

（三）鱼拓画的未来发展

鱼拓的魅力，不仅在于其欣赏价值、收藏价值，还在于具有较高参与性，在制作过程中学习鱼类知识、提高美学修养、享受高雅情趣。垂钓归来将战利品制成鱼拓，并注明垂钓的经历，不但可以美化居室，更是垂钓过程的延伸，可以充分享受垂钓带来的快乐，也可以借此向亲朋好友“炫耀”一下自己垂钓之外的技艺，讲述精彩“遛鱼”过程的同时，传递垂钓的快乐。

鱼拓作为海洋文化的一部分，发展前景极为广阔。在我国台湾地区、韩国以及日本，将渔获制作成鱼拓非常盛行。鱼拓在当地已经产业化，有专用的鱼拓颜料和纸张，涌现了大批鱼拓社团和职业鱼拓艺术家。目前，一批鱼拓艺术爱好者，正不遗余力地致力于推广鱼拓艺术。在全国各大垂钓网站上，人们总能看到精美的鱼拓作品以及鱼拓制作方面的文章；相关论坛中，网友们交流心得，切磋技艺，学拓热情日益高涨。在这一热潮推动下，国产鱼拓专用颜料、纸笔的研制也初见成效，并逐步进入市场，形成产业。相信结合了我国传统书画、拓印技艺的鱼拓艺术，必定会成为海洋艺术殿堂里的一朵奇葩。

二、鱼拓画基本技巧

鱼拓画的技巧非常丰富，主要分为墨拓、彩拓和叠拓几类。每种不同的技法都有其独特的效果。下面，我们就对这些技法及鱼拓创作进行详细介绍。

（一）墨拓

墨拓是指利用墨汁制作鱼拓。学习者在初级阶段可进行小鱼的墨拓学习，通过墨染、拓印技巧完成鱼拓制作。

墨拓的制作方法非常简单。首先选择好自己喜欢的小鱼，然后用画笔蘸墨汁涂到鱼的身体上。涂抹前，应在鱼的底部垫上报纸，以免弄脏垫板。然后撤除报纸，以宣纸盖上鱼身，轻轻压出形状，即完成作品（图1-3）。墨拓的主要特点是技巧简单、易学易作，能极大提升初学者的学习兴趣。

图1-3　墨拓作品

（二）彩拓

彩拓主要是指依据海鱼本身的色彩在拓印过程中通过对色彩的运用完成作品。彩拓又可细分为写实彩拓和创意彩拓两种。在掌握色彩过渡等基本技法后，学习者就可以根据自己的想法进行彩色鱼拓画的创作（图1-4）。

图1-4　彩拓

（三）叠拓

图1-5 叠拓

叠拓是将一条鱼重叠拓印形成多条鱼效果的技巧（图1-5）。其特点是作品因形象叠加产生组合效果。叠拓制作的关键是在扎实掌握基本技能的基础上，对同一条鱼进行多次拓印。叠拓是基础彩拓技巧的提升。经过这一阶段的学习，学生的鱼拓动手能力和欣赏能力都会有显著提高。

（四）鱼拓创作

鱼拓创作是指在熟练掌握前述技巧后，加入绘画等其他艺术元素，是鱼拓技艺中较综合、复杂的阶段。鱼拓创作包括：创意鱼拓、雕版鱼拓、水墨鱼拓。

（1）创意鱼拓是以鱼拓、颜料、综合材料为主设计构成的综合材料作品（图1-6）。首先用基本技巧拓印出鱼拓作品；然后将拓好的作品剪下来粘贴到彩色卡纸上；再用颜料在卡纸上进行装饰。创作时，颜料中尽量不加水，用色应注意干净、明快。

图1-6 创意鱼拓

（2）雕版鱼拓主要指在鱼拓作品的基础上，再加上版画的元素，形成风格独特的作品（图1-7）。以鱼拓作品作为底材；运用浮雕、线刻等技艺，刻画出海洋中的各类生物；再用彩绘手法完成主图，也可用碎贝壳沿线刻的轮廓进行拼贴，最后完成作品。

图1-7 雕版鱼拓

（3）水墨鱼拓借鉴了中国传统水墨画的写意风格，以国画为背景，以舟山特产的各色海鱼作为主材，保持了水墨画的独特韵味，形成别具趣味的鱼拓作品（图1-8）。也可在鱼拓作品的基础上以国画技法对其进行晕染添景，使水墨画与鱼拓相得益彰。中国水墨画技法与鱼拓画相结合，可以产生极具艺术气息的作品。

图1-8 水墨鱼拓

通过学习和实践，再结合其他艺术形式，使鱼拓作品更加活泼、有趣。在掌握鱼拓创作的基本技艺后，读者还可以拓展思路，尝试进行新的搭配，相信会产生更多、更有趣的鱼拓艺术作品。

三、鱼拓画制作要点

在鱼拓创作过程中，局部细节的处理是保证作品艺术水准的重要环节。其中鱼头、鱼鳍和鱼眼的处理是鱼拓画成功的关键所在。鱼头部分中的鱼眼、鱼嘴、鼻孔、鱼鳃都是容易出水的地方，如果没有处理好，会严重影响拓印的整体效果；鱼鳍是鱼体上较为复杂的部分，其拓印的方式也与其他部分有所不同；鱼眼是最后画上去的，要做到点睛，才能使作品栩栩如生。

图1-9　擦干鱼头

（一）鱼头的拓前处理

鱼拓画在拓印之前首先要做好准备工作。

（1）用纸巾轻轻擦干鱼头表面水分，在吸水过程中要注意不可用纸巾用力摩擦鱼头表面，而应轻轻压干（图1-9）。

（2）仔细擦干鱼眼、鱼嘴、鼻孔、鱼鳃中的水分，轻轻打开鱼嘴和鱼鳃，用纸巾把里面的水分吸干（图1-10）。

图1-10　进一步吸水

（二）鱼鳍的处理

在制作鱼拓的过程中，处理好鱼鳍的形态和着色，就可以保证作品有较高的完成度。可以说鱼鳍拓制得成功才能够使整张鱼拓画生动起来。鱼鳍的主要处理步骤如下。

（1）将鱼放置在鱼拓板上，轻轻打开鱼的背鳍，用大头针将背鳍钉在鱼拓板上，展现出鱼鳍姿态。然后用纸巾轻轻擦干鱼鳍上多余的水分。

（2）用白色颜料给鱼鳍打底色，稍微晾干后再上色，注意鱼鳍上色过程中颜色的过渡与变化。如图1-11、图1-12所示。

图1-11　给鱼鳍打底色

图1-12　给鱼鳍上色

（3）补鳍。在鱼拓的制作过程中还有至关重要的一步，就是“补鳍”（图1-13）。这里的补鳍指的是补鱼的腹鳍，补鳍后拓印的鱼形象生动，宛如“游”在纸上（图1-14）。

图1-13　补鳍前

图1-14　补好腹鳍

（三）鱼眼的画法

鱼眼的绘制是完成鱼拓作品的最后一步，也是画龙点睛的一步。鱼眼绘制的好坏直接决定了作品的成败。

（1）首先用勾线笔勾勒出鱼眼的轮廓和造型，用笔要十分仔细，尽量一笔到位、不再涂改（图1–15）。

图1–15　勾勒鱼眼轮廓

（2）对鱼的眼睛上色时要注意颜色的过渡，用色也要注意变化，最后点高光。这样，灵动的鱼眼睛就完成了（图1–16）。

图1–16　描制鱼眼

要做好鱼拓画，处理好细节是非常重要的。通过对鱼头、鱼鳍的处理，以及鱼眼的绘制练习，创作出优秀的鱼拓画，可以养成注重细节的习惯，为以后制作更加复杂的鱼拓作品打好基础。

四、小黄鱼墨拓画制作

小黄鱼又称“小黄花鱼”，硬骨鱼纲，石首鱼科，体长一般为20~40厘米。小黄鱼的头部比较长，眼睛很小，鳞片呈黄色且较大，尾巴较宽。小黄鱼线条流畅，色彩明艳，是初学者进行练习的首选。拓印过程中一定要注意小黄鱼的新鲜度，只有新鲜的鱼体才能制作出好的鱼拓作品。

小黄鱼墨拓所需要的工具、材料主要包括食用盐、纸巾、泡沫板、黑色记号笔、刻刀、旧报纸、大头针、调色盘、鱼拓颜料、水粉笔、喷壶、宣纸、牙刷、小木片、剪刀、勾线笔（图1-17、图1-18）。

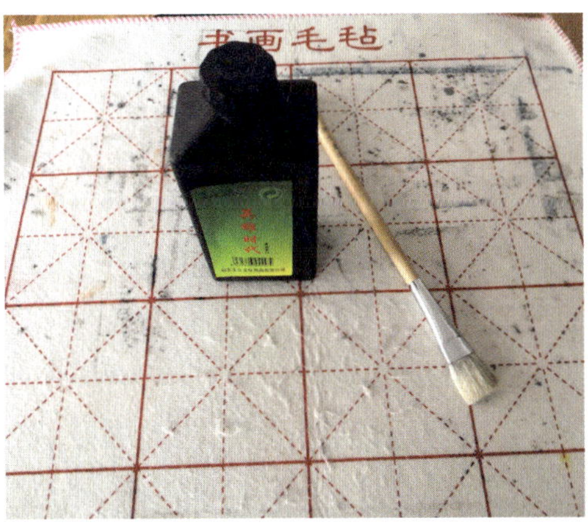

图1-17　颜料

图1-18　工具

（一）清洗小黄鱼

（1）用清水仔细冲洗小黄鱼鱼体。

（2）将少许食用盐撒在鱼身上，同时用手轻轻地涂抹，使盐均匀地分布到鱼体全身（图1–19）。涂盐的目的是除去鱼体身上的黏液及残留物。

（3）用清水将鱼身上的盐清洗干净，再用纸巾擦干鱼体上的水分（图1–20）。

图1–19　撒盐

图1–20　冲洗

图1–21　描轮廓

（二）固定鱼体

（1）将小黄鱼擦干后平放在泡沫板上，用黑色记号笔沿着鱼身画出鱼的基本轮廓（图1–21）。

（2）用刻刀挖去泡沫板中记号笔画出的鱼形状，形成凹槽，垫上旧报纸将鱼摆放在凹槽中，用大头针固定鱼体（图1–22）。

图1-22　固定鱼体

（三）画鱼

（1）墨拓画的上色相对比较简单。将鱼擦干后，在调色盘中倒入适量的墨汁。然后用水润湿水粉笔，再用纸巾吸干画笔上的多余水分，蘸墨汁。一定要注意墨汁不要蘸得过多。

（2）从鱼头的位置开始涂色一直到鱼尾，涂墨要均匀（图1-23）。

（3）取下大头针，移除报纸，完成上色（图1-24）。

图1-23　涂墨

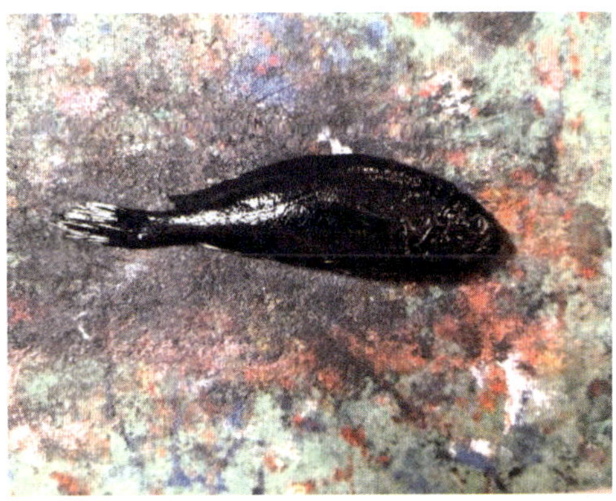

图1-24　移除报纸

（四）拓鱼

（1）用喷壶仔细将宣纸均匀地喷湿，再将其轻轻铺放到鱼体上方。注意，宣纸不要平铺在鱼体上，而是应成一定角度逐渐覆盖，用宣纸拓鱼时一般不会把鱼平平地拓印在宣纸上，而要形成一定角度。有些头朝上，有些头朝下，这样鱼看上去像是在纸张上游动一般，使作品看上去更加生动。

（2）用手轻轻按压鱼身，使纸吸收墨汁。在拓制过程中还可以用牙刷轻轻敲打纸面，让颜色均匀印到宣纸上（图1-25）；然后用小木片轻轻按压鱼身边缘，可以有效“抠”出鱼的外形（图1-26）。

图1-25　敲打纸面

图1-26　木片按压

（3）补鳍。检查外形拓制完整后，将宣纸轻轻揭下来，着墨一面向上，准备进行补鳍。用剪刀剪下鱼的腹鳍，用白颜料上底色，待晾干后再进行上色（注意颜色过渡）（图1-27）。再将鱼鳍印上，鱼拓的身体部分就制作完成了（图1-28）。

图1-27 鳍涂墨

图1-28 补鳍

（五）绘制小黄鱼眼睛

（1）首先用勾线笔勾勒出鱼眼的轮廓和造型，运笔要十分仔细，尽量一笔到位、不做涂改（图1-29）。

（2）对鱼的眼睛进行上色，上色过程中要注意颜色的过渡，然后再点上鱼的眼珠，最后点高光。这样，鱼拓的整体制作就完成了（图1-30）。

图1-29 绘制眼睛

图1-30 点高光

（六）题字盖章完成作品

题字盖章后完成作品（图1-31）。

图1-31　完成作品

小黄鱼是一种常见的鱼类，它的造型结构简单，使得初学者能够非常容易地拓出整体的造型。不过，时刻注意细节处理才能让作品显得更加生动活泼。

五、鲳鱼墨拓画制作

鲳鱼又叫镜鱼或平鱼，鲈形目，鲳科。鲳鱼体形近似菱形，头部较小，尾鳍分叉，下叶较长，鱼体呈银白色。制作过程中只要掌握墨拓的基本步骤和方法，注意鲳鱼的新鲜度，就可以完成令人满意的作品。

墨拓鲳鱼所需工具及材料与拓印小黄鱼基本相同。

（一）清洗鱼体

（1）将少许食用盐撒在鱼体上，然后轻轻揉搓，去除鲳鱼身体上的黏液及残留物，然后进行清洗（图1–32、图1–33）。

（2）把鲳鱼放置在桌面上，用纸巾擦干鱼体上的水分，要特别注意鱼鳃、鱼吻及鼻孔处，一定要将水分吸干净。

图1–32　撒盐

图1–33　清洗鲳鱼

（二）固定鱼体

将处理干净的鲳鱼平放至泡沫板上，用黑色记号笔沿着鲳鱼外轮廓画出大致形状（图1–34）。用刻刀挖去泡沫板中记号笔画的部分，垫好旧报纸后再将鱼摆放入凹槽中。因鲳鱼鱼体扁平，故可以不用大头针固定（图1–35）。

图1–34　描绘轮廓

图1–35　固定鱼体

（三）上色

将水粉笔的笔头润湿，用纸巾吸去多余水分。蘸取墨汁后，从鱼吻部开始涂（图1-36）。上色应从鱼头的位置开始涂色一直到鱼尾，注意用墨要均匀，上色顺序始终保持从头到尾，且笔与鱼身要成一定角度。然后轻轻撤出报纸，完成上色步骤（图1-37）。

图1-36 涂墨

图1-37 涂满鱼体

（四）拓鱼

（1）用喷壶均匀喷洒，使宣纸稍微润湿。将宣纸小心覆盖住鱼体，宣纸覆上鱼身时要有一定角度。

图1-38 敲打纸面

（2）先用手轻轻压出鱼体形状，在拓鱼过程中可以用牙刷轻轻敲打纸面，让颜色均匀印到宣纸上（图1-38）。在进行头部拓印时，可使用小木片“抠”出鱼的外形（图1-39）。

图1-39　木片按压

（五）绘制鲳鱼眼睛

检查外形拓制完成后，将宣纸轻轻揭下来，着墨一面向上，准备绘制眼睛和补鳍。

（1）用蘸有黑色颜料的勾线笔在鱼眼睛的位置勾勒出眼眶。勾勒眼眶时要　笔到位。

（2）对鱼眼进行上色。上色过程中要注意颜色的过渡，从土黄色到白色进行渐变（图1-40）。再画上黑色的眼珠，用白颜料点出高光。这样鱼的眼睛才算绘制完成（图1-41）。

图1-40　描绘眼睛

图1-41　绘制高光

（六）题字盖章完成作品

题字盖章后完成作品（图1-42）。

图1-42　完成作品

在拓印鲳鱼的过程中要注意，鲳鱼属于细鳞鱼类，所以在往鱼身上涂墨汁时，量一定要少才能有效拓印出鲳鱼鳞片的效果。

六、鲷鱼彩拓画制作

鲷鱼是鲷科鱼的总称，鲷鱼的种类很多，有100多种。鲷鱼身体略扁，头部较大，呈长椭圆形，体长大多在30厘米左右。鲷鱼色彩十分丰富，不同种类的鲷鱼色彩不同，所以十分适合彩拓。在制作过程中，掌握彩拓的基本步骤和方法对完成作品十分重要。

除鱼拓颜料外，彩拓鲷鱼所需工具及材料与拓印小黄鱼基本相同。

（一）清洗鲷鱼

（1）首先用清水简单清理一下鲷鱼。在鲷鱼身上均匀地撒上食用盐。用手轻柔地把盐涂抹至鱼全身，除去鲷鱼身上的黏液及残留物（图1-43、图1-44）。

（2）用清水将鱼身上的食用盐清洗干净，再用纸巾擦干鱼体上的水分（图1-45）。

图1-43　冲洗

图1-44　抹盐

图1-45　擦净鱼体

（二）鱼体固定

（1）将鲷鱼擦干后平放在泡沫板上，用黑色记号笔沿着鱼身画出鱼的大致轮廓（图1-46）。

（2）用刻刀刮去泡沫板中鱼形的位置，形成凹槽，槽中垫上旧报纸，将鱼摆放进去，固定住鱼体即完成（图1-47）。

图1-46　描轮廓

图1-47　固定鱼体

（三）鱼体着色

（1）鲷鱼彩拓可选用大红、柠檬黄、白色三种颜色。首先用水粉笔蘸取大红色颜料均匀涂抹鱼的头部及鱼背三分之一处（图1-48）；接下来用柠檬黄颜料涂鱼的身体，注意用色要少，可以用点笔法上色；最后腹部用白色颜料。颜色之间的过渡要均匀。

（2）给鱼鳍上色。鱼鳍较滑，要先用纸巾轻轻擦除鱼鳍上的水分，然后用白色颜料先涂一层，待白颜料稍干后再进行上色，有利于鱼鳍位置的着色（图1-49）。鱼鳍一般用较深的颜色。

（3）将旧报纸移除，完成上色（图1-50）。

图1-48 鱼体上色

图1-49 鱼鳍上色

图1-50 完成上色

（四）拓印鲷鱼

用喷壶均匀喷洒宣纸，使宣纸湿润。将宣纸轻轻放到鱼体上方。用手轻轻压出鱼体形状，注意用力要均匀。在拓鱼过程中可以用小牙刷轻轻拍击纸面，让颜色均匀印到宣纸上（图1−51）。用小木片轻轻按压鲷鱼边缘，“抠”出鱼的外形（图1−52、图1−53）。

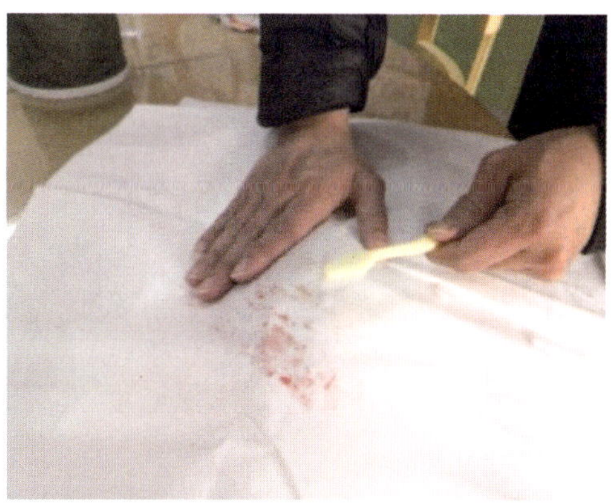

图1−51 敲打纸面

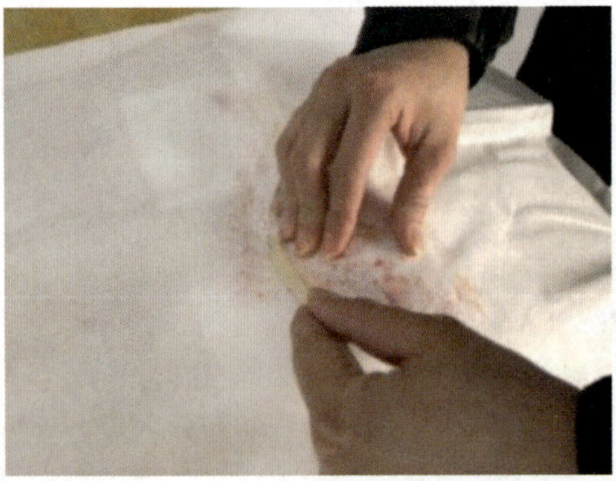
图1-52 轻轻按压

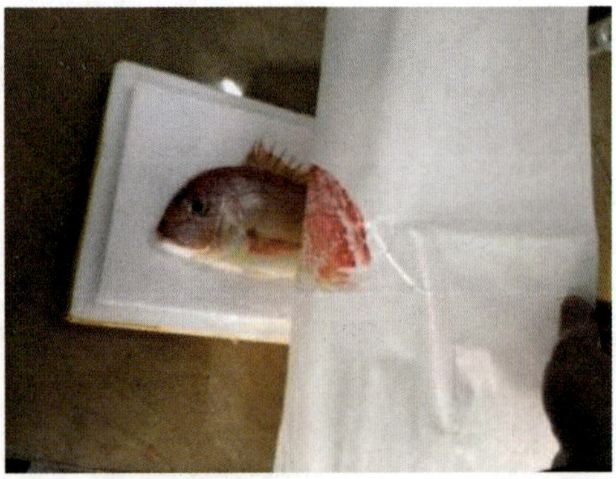
图1-53 揭开

（五）绘制鲷鱼眼睛

检查外形拓制完成后，将宣纸轻轻揭下来，着色一面向上，准备绘制眼睛和补鳍。

（1）用勾线笔勾勒出鱼眼的轮廓和造型。用笔要仔细，尽量一次完成。对鱼眼睛进行上色的过程中，要注意颜色的过渡，用色要有变化。然后再点上鱼的眼珠，以高光提亮（图1-54）。

图1-54 描绘眼睛

（2）最后补鳍，如图1-55所示。

图1-55　补鳍

（六）题字完成作品

题字后完成作品（图1-56）。

图1-56　完成作品

鲷鱼是学习彩拓的入门级鱼类，鲷鱼的整体造型比较简单，而且鱼体结实，鳞片明显，非常适合进行彩拓。彩拓的主要难点在于色彩之间的过渡，需要不断实践和练习。

七、鹦嘴鱼彩拓制作

鹦嘴鱼属隆头鱼科，俗称鹦哥鱼、红楔鲷等，是生活在珊瑚礁中的热带鱼类。鹦嘴鱼体呈长圆形，狭长且扁。头短而高，嘴形酷似鹦鹉喙。鹦嘴鱼色彩比较鲜艳，雄鱼为绿橙或绿红色；雌鱼为蓝色和黄色相间。下面简要介绍制作鹦嘴鱼彩拓过程。

制作鹦嘴鱼彩拓所需要的工具及材料与拓印小黄鱼基本相同。

（一）清洗鱼体

（1）用清水简单清理鱼体，往鱼身上均匀地撒食用盐。用手在鱼体轻轻进行涂抹，使食用盐均匀分布鱼体全身，除去鱼身上的黏液及残留物（图1-57）。

（2）用清水将鱼身上的食用盐清洗干净，最后用纸巾擦干鱼体上的水分（图1-58）。

图1-57　清洗鱼体

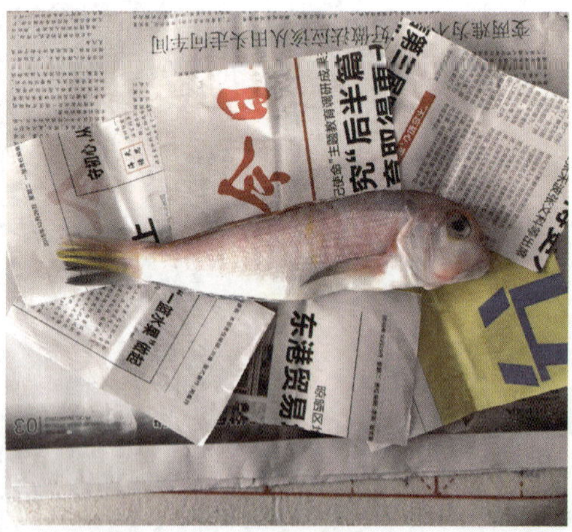

图1-58　擦干

（二）固定鱼体

将擦干的鹦嘴鱼平放在泡沫板上，下面垫上旧报纸，用大头针将鱼体固定，如图1-59所示。

图1-59 固定鱼体

（三）画鱼

（1）做好调色准备。首先用深色颜料涂满鱼的头部及鱼背三分之一处（图1-60）；在鱼身体上涂中间色，注意用色要少，可以用点笔法上色。底色用白色，过渡要均匀（图1-61）。

（2）给鱼鳍上色。因鱼鳍较滑，要先用纸巾轻轻擦除鱼鳍上的水分，然后用白色颜料先涂抹一层，待颜

图1-60 涂色

图1-61 均匀涂色

料稍晾干再上色。

（3）去掉大头针、移除报纸，完成上色。

（四）拓鱼

（1）用喷壶喷洒宣纸，使其均匀湿润。将宣纸轻轻放到鱼体上方。注意，宣纸不要平放在鱼体上，和鱼体之间要成一定角度。

（2）用手轻轻压出鱼体形状，在拓鱼过程中可以用小牙刷轻轻敲打纸面，以确保宣纸着色均匀。同时，用小木片轻轻按压鹦嘴鱼边缘，“抠”出鱼的边缘（图1-62）。

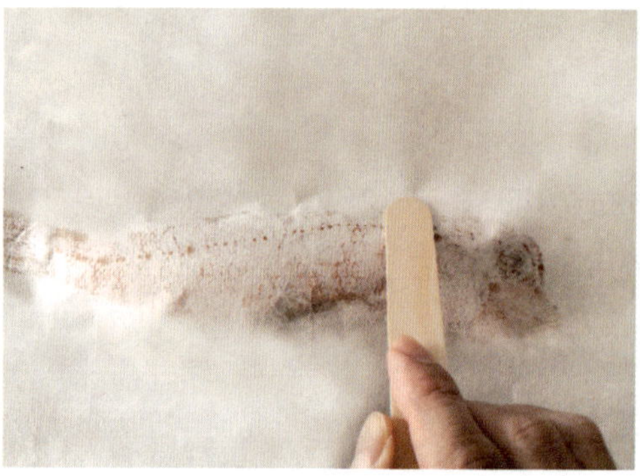

图1-62　木片按压

图1-63　轻轻揭开

（五）绘制鹦嘴鱼眼睛

检查外形拓制完成后，将宣纸轻轻揭起（图1-63），着色一面向上，准备绘制鱼眼睛。

（1）用勾线笔勾勒出鱼眼的轮廓和造型，运笔要十分仔细，一笔到位，不做涂改。

（2）为鱼的眼睛进行上色，上色过程中要注意颜色的过渡，用色要有变化。最后用高光颜色提亮鱼的眼珠（图1-64）。

图1-64　给眼睛上色、点高光

（六）题字盖章完成作品

题字盖章后完成作品（图1-65）。

图1-65　完成作品

鹦嘴鱼和鲷鱼一样，都是彩拓制作中经常用到的鱼类。给鹦嘴鱼上色的过程中要注意调色，因鱼拓颜料的颜色较单一，有些颜色需要预先调色获得，调制适当的色彩可以让拓出来的鱼更加栩栩如生。

八、创意鱼拓画制作

创意鱼拓画制作是练习者对鱼拓技巧的综合运用。练习者通过自己选择主题，选择鱼拓的方式并进行装饰。完成一张完整的鱼拓作品，不仅是对所学鱼拓技艺的巩固，更是对鱼拓实践的尝试。在创作过程中，练习者可以自由发挥，创作出有创意的作品。创意鱼拓所用材料不限于鱼类，螃蟹、章鱼、树叶等都可以考虑。

创意鱼拓所需要的工具、材料与拓印小黄鱼基本相同。

（一）选择材料

（1）选择创作材料。我们以螃蟹作为这次创作的材料。先将螃蟹简单清洗一下，除去其身上杂物（图1–66）。

（2）用纸巾擦干水，将螃蟹平放在泡沫板上（图1–67、图1–68）。

（3）在螃蟹底部垫上旧报纸，并固定好（图1–69）。

图1–66　清洗

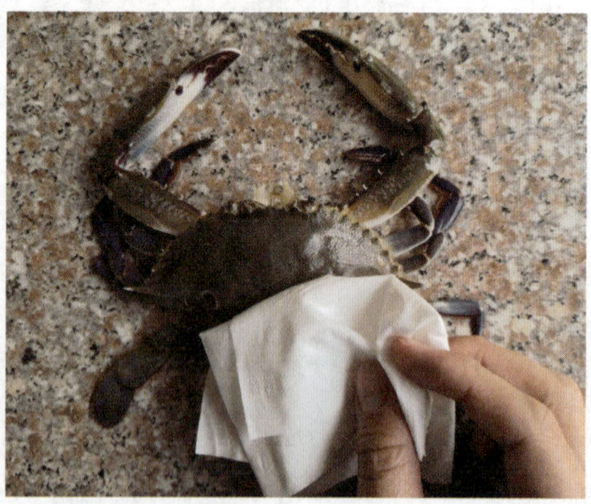

图1–67　擦干

图1-68　放平

图1-69　固定

（二）上色

（1）用水粉笔蘸取少量深色颜料，涂满螃蟹壳的前半部分；然后以同样方法蘸取浅色颜料涂满蟹壳后半部分，注意用色要少，过渡要均匀（图1-70）。

（2）给蟹腿上色。蟹腿的上色稍微复杂，在蟹腿尖端用深色；由尖端至根部所涂颜色逐渐变淡，同样注意要画出颜色渐变的效果（图1-71）。

图1-70　给蟹壳上色

图1-71　给蟹腿上色

（三）拓印

（1）用喷壶将水均匀喷洒在宣纸上，然后将宣纸轻轻放到螃蟹上方。宣纸和螃蟹要有一定的角度，以避免出现露白的情况。

（2）用手轻轻压出螃蟹形状，在拓印过程中可以用牙刷轻轻敲打纸面，让颜色均匀印到宣纸上（图1-72）。拓印头部时，利用小木片可以有效“抠”出螃蟹的外形（图1-73）。

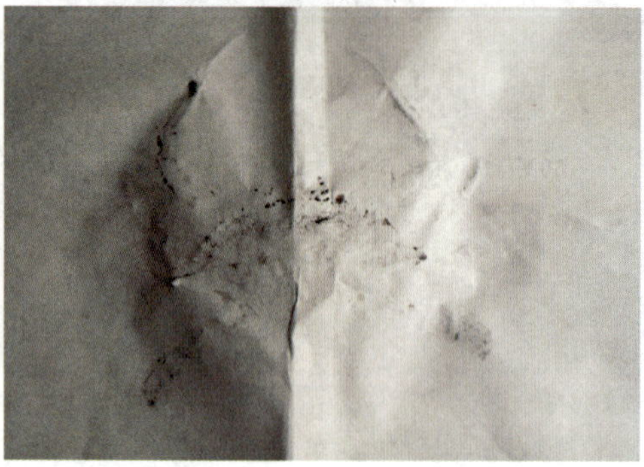

图1-72　轻压出形状

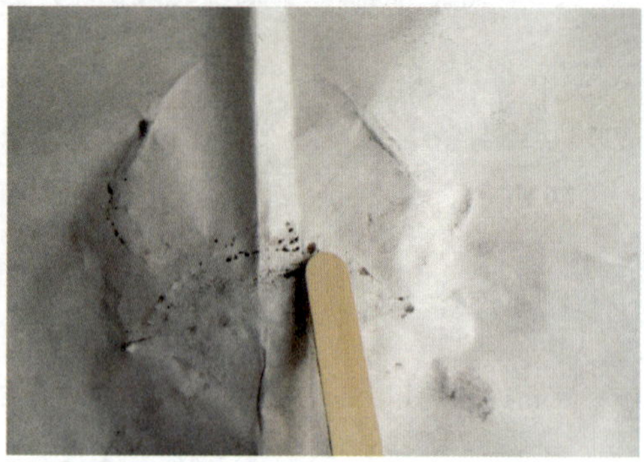

图1-73　用木片轻按压

（四）绘制螃蟹眼睛

检查外形拓制完成后，将宣纸轻轻揭起，着色一面向上，准备绘制螃蟹的眼睛。

（1）用勾线笔勾勒出螃蟹眼睛的轮廓和造型，用笔要仔细。

（2）对螃蟹的眼睛进行上色，上色过程中要注意颜色的过渡，用色要有变化。然后再用高光绘制螃蟹眼睛（图1-74）。

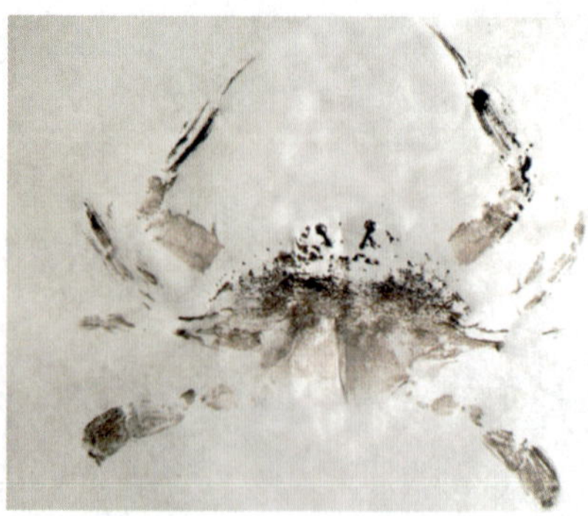

图1-74　给眼睛上色

（五）题字盖章完成作品

题字盖章后完成作品（图1-75）。

图1-75　完成作品

鱼拓创作过程中，练习者可以用到很多辅助材料来装饰作品，让作品更加生动有趣，一般用到较多的材料有树叶、贝壳和小虾等；也可以利用绘画技法进行装饰。在进行创作时，读者可以充分发挥想象力、创造力，制作出更具新意的鱼拓艺术作品。

专题二　渔网网艺

渔网是渔家人最熟悉的生产工具和物品。每个渔村的码头边都静静地躺着许多渔网，它们散发着独有的海腥味，讲述着它们悠久的历史和精彩的故事。渔网极具规则性，可以产生极强的视觉效果。渔家人除了把渔网当作捕鱼工具外，还可以用来制作很多生活用品。近年来，聪明的渔家人又创造性地把渔网制作成极具海洋地域特色和时尚感的工艺品，这种技艺就是渔网网艺。

本专题主要介绍渔网网艺制作，以渔网为主要材料，辅以其他材料，运用编织、刺绣等技法，创作出有时代感、有创意、有情趣的渔网网艺作品。

学习目标：了解并掌握渔网网艺的设计制作知识和技法，并能运用这些基本技法进行网艺工艺品制作；在网艺作品创作过程中体会装饰美感，培养艺术再创造能力和创新精神，提升审美情趣，并在学习网艺技法的过程中加深对海洋文化的了解。

一、渔网及网艺简介

渔网是渔民从事渔业捕捞的重要生产工具，是使用时间最久远、捕鱼效率最高的一种捕鱼工具。作为一种重要的渔业生产工具，渔网的发明可上溯到史前时期，《易·系辞下》说："作结绳而为网罟，以佃以渔"。传说中华人文始祖伏羲氏（庖牺氏）发挥聪明才智，借鉴蜘蛛结网方式，教导部众用绳索编结成网，网禽兽，网鱼虾。直至近代，渔猎行业还沿袭尊崇伏羲氏为祖师的习俗。人类早期的渔网编织材料来源于自然界的植物纤维，主要有芒草、苎麻、葛、丝、棉、树皮等。由于植物纤维容易腐烂，难以保存，故截至目前考古研究中尚未有实物发现。如今，99%以上的渔网用合成纤维加工而成。原料主要有尼龙6或改性尼龙的单丝、复丝或复单丝，也可以用聚乙烯、聚酯、聚氯乙烯等纤维。

在长期的渔业生产中，渔民们在掌握了拖网作业、围网作业等海洋捕捞作业的同时，也逐渐掌握了各种渔网编织技艺。

20世纪七八十年代，舟山的渔民满载而归后，家里的女人们就会去码头补网，为下一次出海做准备。发展至今，逐渐形成浓厚的网艺编织的民俗文化氛围，如图2-1所示。

目前，全世界都在倡导"健康海洋"的理念，根据联合国粮食及农业组织（FAO）和联合国环境规划署（UNEP）联合发布的报告，大约有64万吨的废旧渔网被人们丢弃进海洋，占海洋垃圾总量的10%。这些渔

图2-1　渔民补网

网会在海洋生态系统中存留数百年，对海豚和其他动物（如海龟和海洋鸟类）形成巨大威胁，这些动物一旦被废弃渔网缠住便难逃一死。人们应避免将渔网遗弃在海中，并鼓励、提倡渔网的回收，利用废弃渔网制作工艺品。这种工艺品除了废物利用，对宣传保护海洋生态健康也是一种有效手段，是保护海洋健康的有效措施。

二、制作工具和基本方法

网艺工艺品跟日常生活息息相关，可以作为日常用品和装饰品。子曰"工欲善其事，必先利其器"，要想制作出独特的渔网艺术品，先要有齐全、合用的工具。

（一）制作渔网工艺品所需工具

制作渔网工艺品工具包括针、塑料缝合针、毛线记号扣、钩针、弯嘴镊子、U形剪、胶枪、尖嘴钳、斜口钳、剪刀、美工刀等，如图2-2所示。这几种工具的具体作用及用法将在后面工艺品制作过程中详细介绍。

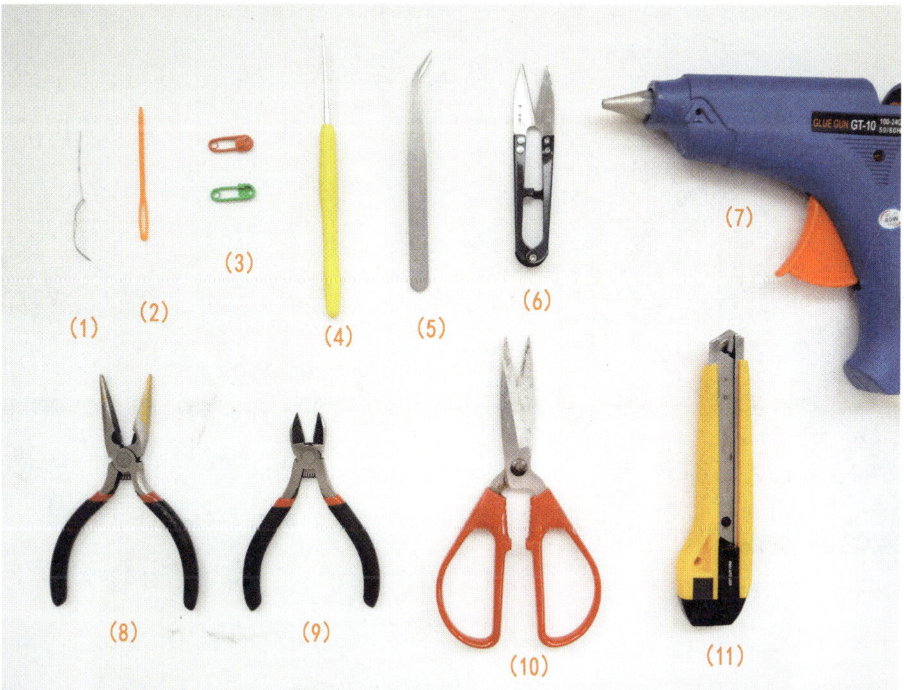

图2-2　制作渔网工艺品工具

（二）几种主要工具的使用及特殊技法

1.针

针主要用来缝合渔网，也可以用来刺绣，如图2-3所示。

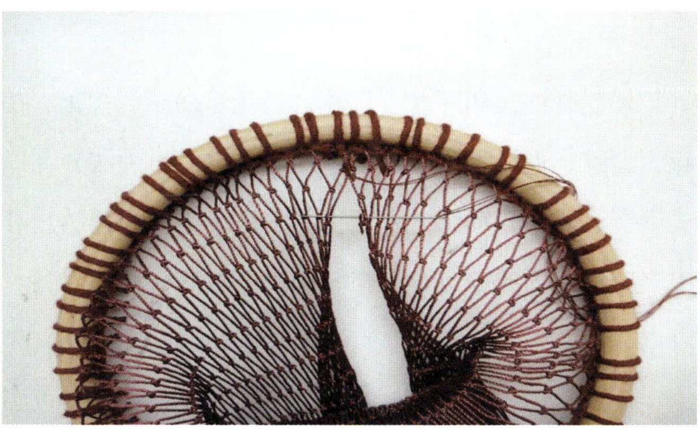

图2-3　针的作用

渔网工艺品制作中，一般用到两种基本刺绣方法：平绣法和锁链绣法。图2-4中，横线上方的仙人掌部分采用了平绣法，横线下方的花盆则采用了锁链绣法。

图2-4 平绣法和锁链绣法

平绣法是指从花纹轮廓一边起针，直拉到轮廓的另一边落针，设单数起针、双数落针（图2-5）。平绣有竖平、横平、斜平之分，但都要达到平、齐、匀、顺。“平”即绣面要平，不应有凹凸起伏；“齐”是指落针点与轮廓对齐，也就是针脚要齐；“匀”是指绣线疏密均匀，不重叠、不交叉、不露底布；“顺”是指针向顺形就势。

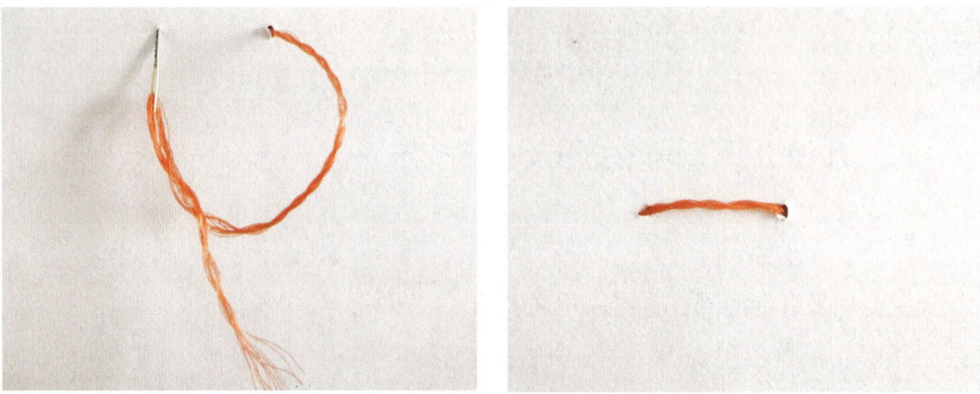

图2-5 平绣法

锁链绣法又叫穿花、套花、锁花、络花、扣花、拉花、套针、连环针，是最古老的针法之一。手法分开口式锁绣、闭口式锁绣、双套锁绣、辫绣等。锁链绣是其中之一，因为像锁链，也像一片接一片的花瓣而得名。以下为锁链绣的步骤。

（1）如图2-6（a）所示，从A点偏上一点位置出针，再把线从A点插入，B点穿出，B点出针时不要把针完全穿过去。

（2）把线从左往右在针下面即B点绕过，形成一个圈，如图2-6（b）所示。

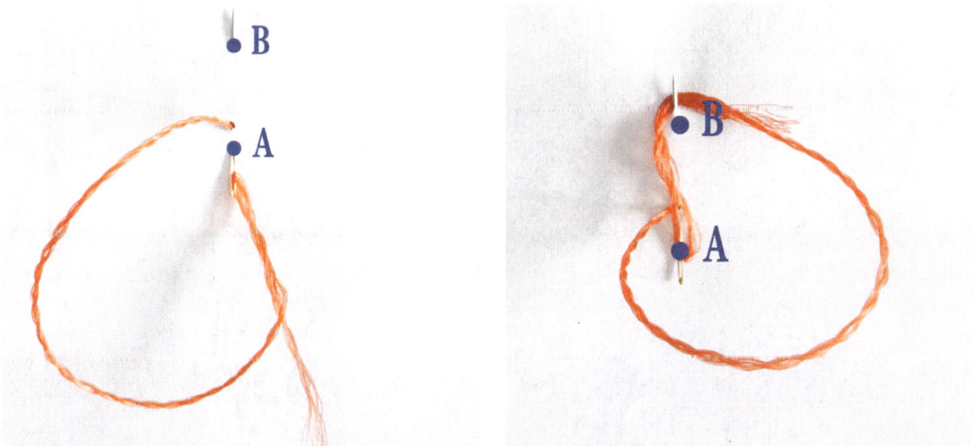

（a）　　（b）

图2-6　锁链绣法

（3）把针穿出来拉紧线圈，完成第一个链圈。如图2-7（a）所示。

（4）同样的方法，从B点偏下一点位置入针，C点出针，从左往右在针下方即C点绕过，出针，完成第二个链圈，重复以上步骤，直到完成图案。如图2-7（b）所示。

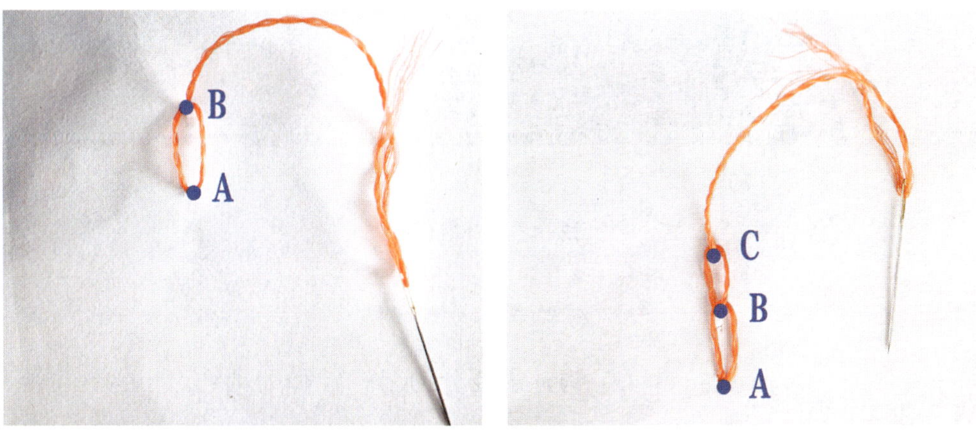

（a）　　（b）

图2-7　穿针

2.塑料缝合针

塑料缝合针主要用来引线，穿好毛线并编织渔网上的图案或者固定渔网和其他配件以完成锁边动作，如图2-8所示。

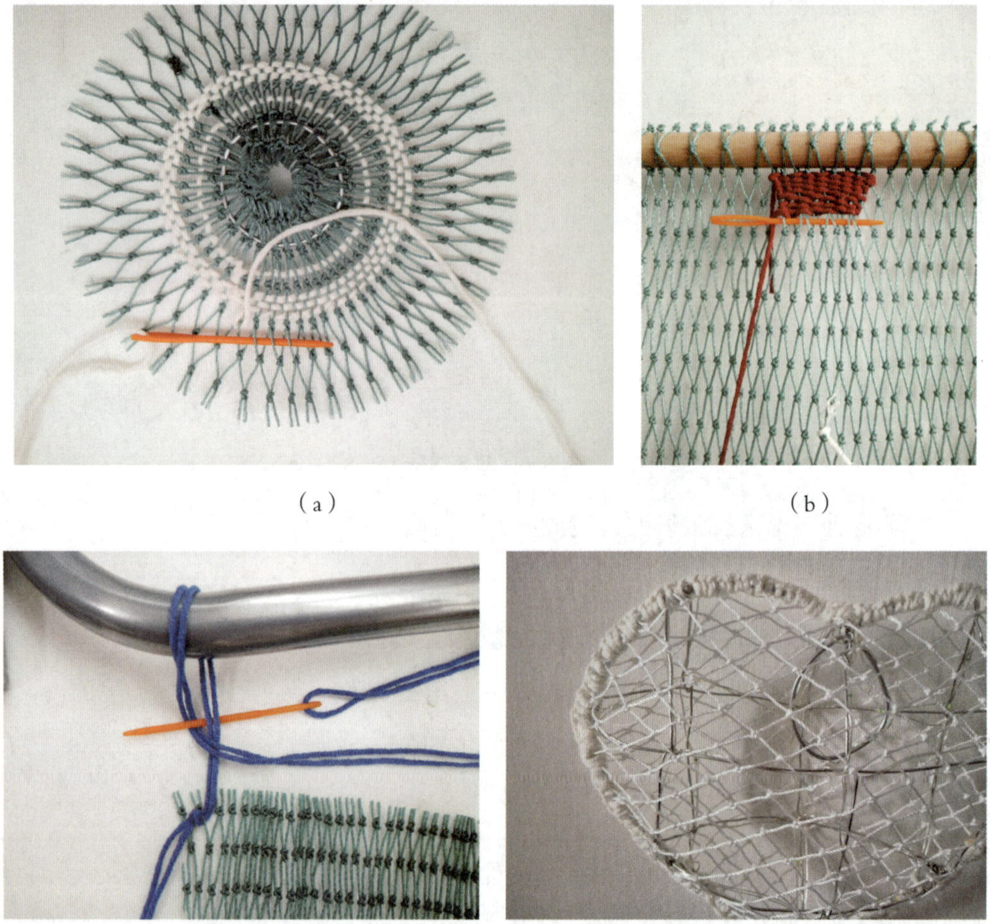

（a）　（b）　（c）　（d）

图2-8　塑料缝合针

3.钩针

钩针主要分为粗钩针和细钩针。粗钩针主要用来编织粗线，细钩针主要用来编织比较细和中粗的线

（图2-9）。在握钩针的时候，通常用拇指、食指和中指三个指头来握住钩针的针柄部位，如图2-9所示。

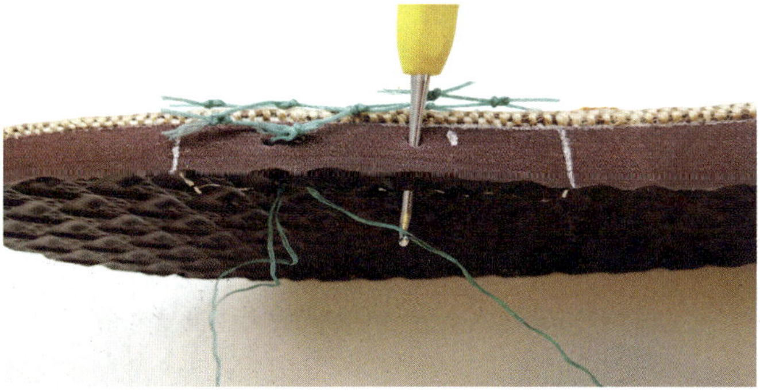

图2-9 钩针

4.毛线记号扣

为了降低直接造型的难度，可用毛线记号扣暂时性地固定出所要裁剪或者缝制的造型，如图2-10所示。

学习者需要掌握上述工具及相关基本技法，在今后的渔网网艺产品制作中会陆续用到。当然，读者熟练掌握后还可以深入研究，学习更多技法，进行综合运用，让创意、工具与技法相结合，创作出更加精美的作品。

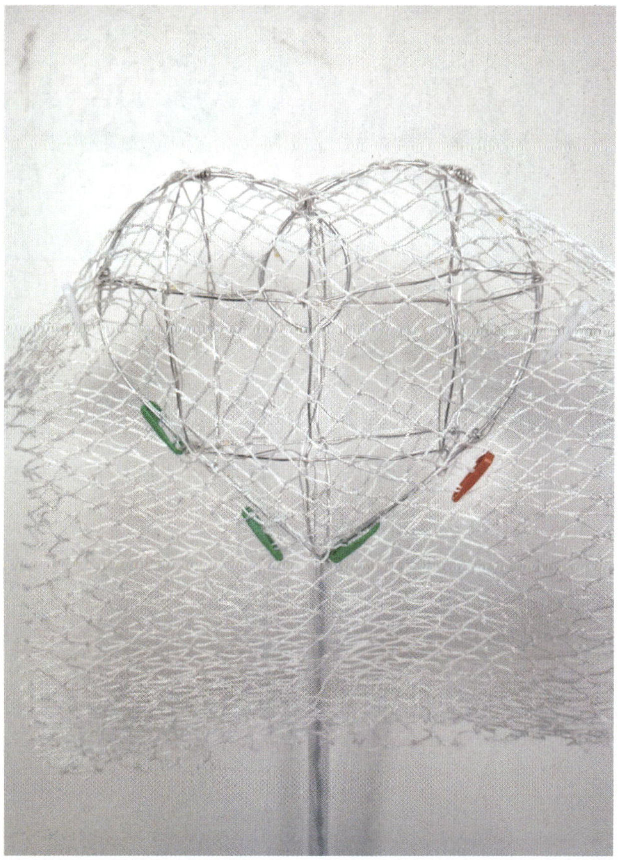

图2-10 毛线记号扣

三、渔网相框

渔网相框是用渔网结合篆刻设计制作的一款兼具传统与现代感的工艺品相框，可作为旅游纪念品和日常的馈赠礼品（图2-11）。

图2-11 “舟山印象”渔网相框

（一）设计说明

这款渔网相框灵感来自中国的印章理念，整体造型是“舟山印象”四个篆字，如同印章印在一方渔网上，既简洁明了，又有文化内涵。

（二）材料和工具

制作渔网相框的材料和工具包括：150毫米×200毫

米白色相框1个、与相框尺寸相近的绿色渔网1块、白色颜料、绿色颜料、笔刷、金属盘、记号笔、U形剪、绿色胶棒、胶枪、工字钉（图2-12、图2-13）。

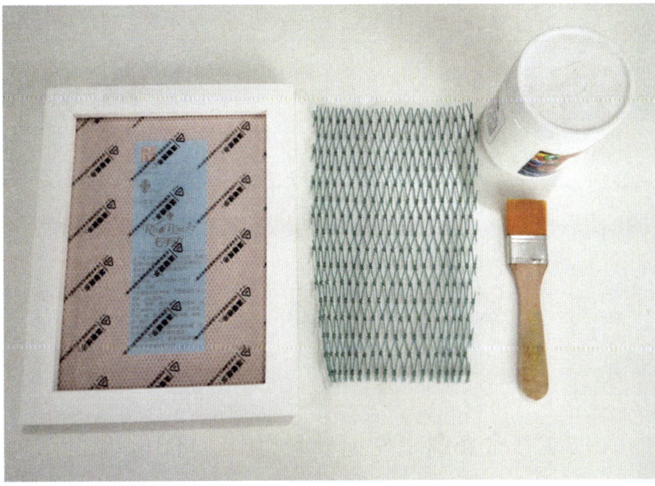

图2-12　材料

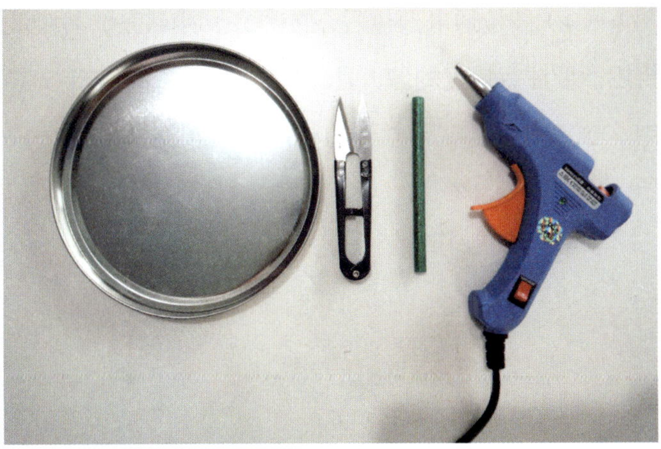

图2-13　工具

（三）制作方法和过程

（1）用笔刷蘸取白色颜料，平刷相框内板（图2-14）。

（2）将颜料刷平整后，放在清洁的地方阴干，避免明显的尘屑落在白色的面板上（图2-15）。

图2-14　相框内板刷色

图2-15　阴干

（3）在金属盘上用记号笔写出“舟山印象”四个篆字并描绘出印章效果。“印章”尺寸约55毫米×55毫米（图2-16）。

（4）胶枪通电预热后，按图2-16中线条，将胶液挤出。要注意速度均匀，且“舟山印象”每个字至少其中一个笔画要和“印章”边框的一边相连，如图2-17所示。

图2-16　绘制印章

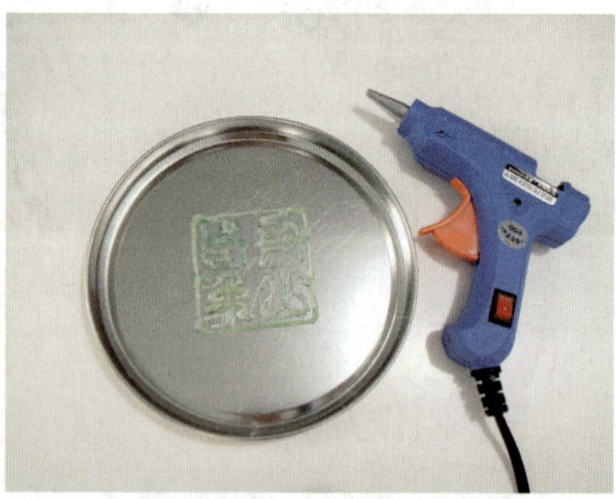

图2-17　用胶液相连

（5）待“印章”冷却后，用绿色颜料涂在“舟山印象”的印章上，晾干后从金属盘上轻轻揭下。（图2-18）。

（6）在泡沫板或厚的纸板上，用工字钉临时固定渔网的位置，注意网眼均匀。见图2-19。

图2-18　印章上色

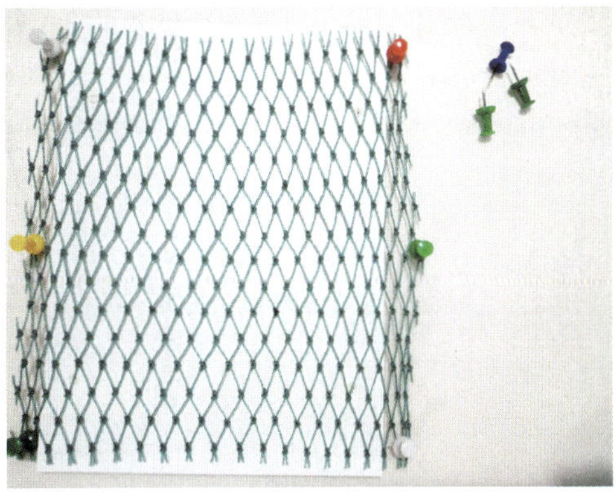

图2-19　固定渔网

（7）用U形剪在渔网上方剪出55毫米×55毫米见方的网孔（图2-20）。

（8）用胶枪把方形网孔边缘和“舟山印象”印章粘住（图2-21）。

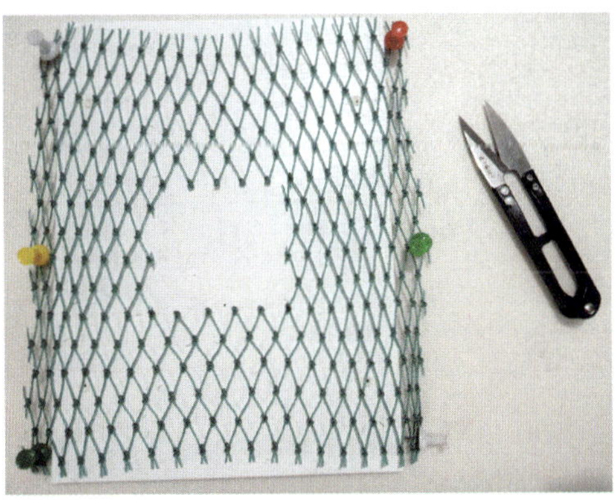

图2-20　剪孔

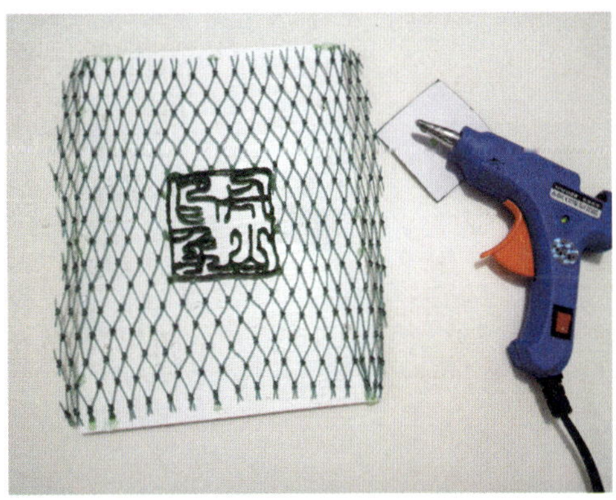

图2-21　粘连印章

（9）用U形剪剪去多余边料，安装好相框，完成作品（图2-22）。

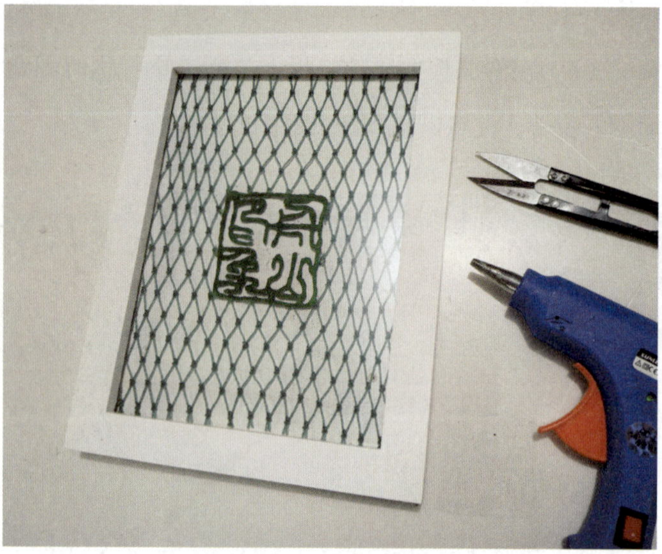

图2-22　完成作品

这款渔网相框在设计中既融入了舟山的地域特色，又蕴含着传统文化的精髓，富有装饰性，并且方便携带，是一款优秀的旅游纪念品。

相框的材质种类很多，有木质类、塑料类、数码类、玻璃类、铝合金类、水晶类、树脂类等。这款渔网相框为木质，若要针对其他材料的画框设计装饰图案，可以根据类似的设计方法，形成相应的风格，从点、线、面，色彩、肌理等方面入手。

四、渔网发箍

发箍是一种日常用品，使用者以女性居多。发箍多呈半圆形，戴在头上可以拢住头发避免遮挡视线，也起到一定装饰作用。在发箍设计中引入渔网要素，既体现海洋韵味，又充满趣味性（图2–23）。

图2–23　珍珠渔网发箍

（一）设计说明

这款渔网发箍采用纵横叠加的形式，纵向的渔网进行适当的“拉伸”，横向的渔网紧密相连，一松一紧，一宽一窄，营造出疏密、虚实、大小的对比效果，点缀的珍珠起到了装饰的作用。

（二）材料和工具

制作发箍的材料和工具包括：9毫米直径半圆珍珠7颗、5毫米直径半圆珍珠6颗、5毫米宽光板发箍1个、绿色渔网一块、弯嘴镊子、U形剪、胶枪、胶棒（图2–24，图2–25）。

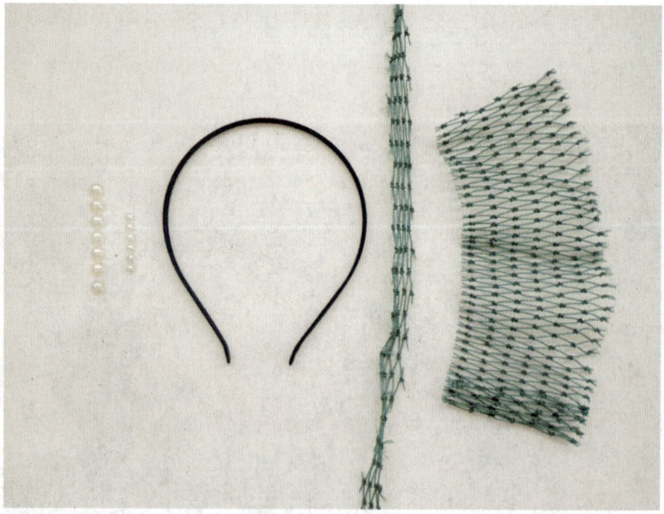

图2-24　材料

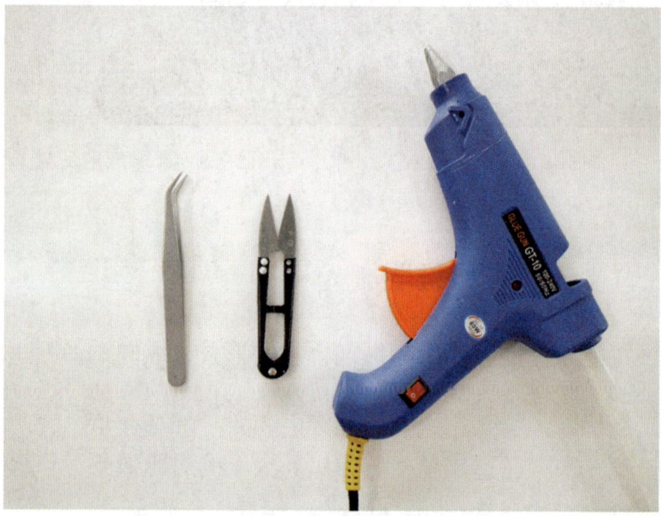

图2-25　工具

（三）制作方法和过程

（1）用U形剪裁出渔网2.5毫米×400毫米、5毫米×400毫米各一条。在渔网发箍的制作过程中，需要特别注意的是渔网网眼格数的裁剪。发箍箍体本身是比较规则的造型，而且箍体宽度较窄，制作过程中各步骤需要精确到位，才能使最终的产品更精致、更有质感，如图2-26所示。

（2）用胶枪把2.5毫米×400毫米渔网均匀粘在发箍上（图2-27）。

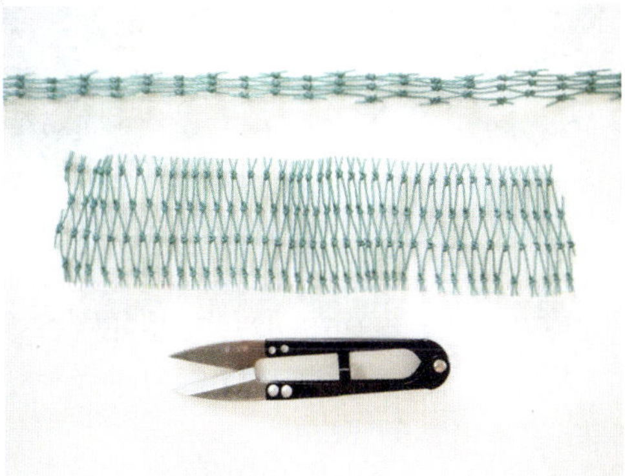

图2-26 剪裁渔网

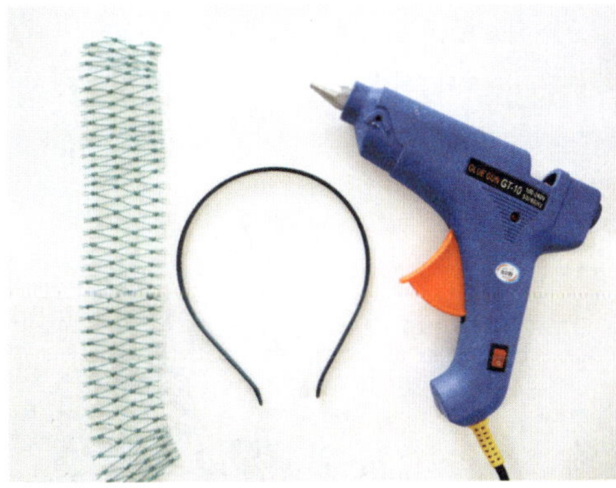

图2-27 胶枪通电

（3）把5毫米×400毫米渔网粘在发箍的最外端（图2-28）。

（4）裁剪掉多余的渔网毛边（图2-29）。

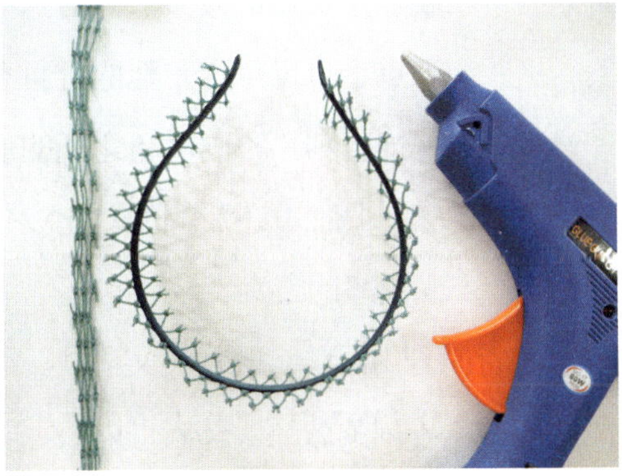

图2-28 粘第一层渔网带

图2-29 剪去毛边

（5）将7颗9毫米直径半圆珍珠、6颗5毫米直径半圆珍珠，间隔着粘在渔网上（图2-30）。

图2-30　粘珍珠

图2-31　完成作品

（6）最终成品如图2-31所示。

渔网发箍的设计首先要遵循渔网自身的特征，要考虑渔网与发箍如何完美结合才能具有创意；还要考虑最终设计制作出来的产品如何达到既美观、又实用的效果。针对这些难点，可以结合其他的材料和配饰，利用不同材料之间的质感、肌理、色彩等的对比设计出更多的方案。

渔网发箍具有独特的舟山风韵，既精美又巧妙。渔网结合不同的配件能产生不同的效果。读者可以根据类似的理念，设计、制作出更多更有设计感、别有趣味的渔网发箍。

五、网帽设计

加入渔网元素后，给平凡的帽子注入不一样的灵魂。用自己的双手和智慧来装扮人们的生活，颇具意义。

从对比和统一的审美原则出发，通过不同材料之间的色彩、质感、层次等的叠加，运用不同的素材有机结合制作网帽，可以达到既精美又实用的效果（图2-32）。

图2-32　“黑白之间”宽檐礼帽

（一）设计说明

这款宽檐礼帽黑白两色对比时尚又经典，珍珠和小白花增加了作品的细节，散发着异域风情和高雅的韵味。

（二）材料和工具

制作网帽的材料和工具包括：白色渔网1块，600毫米×20毫米含珍珠包边1条，直径1毫米铁丝1圈，最外圈直径380毫米黑色宽檐礼帽1顶；直径50毫米渔网小白花1朵（120毫米×60毫米白色渔网1块，10毫米半圆珍珠1颗，直径20毫米圆形不织布垫1个，直径20毫米胸针托盘1个，双头金色花蕊7条）；胶棒、弯嘴镊子、U形剪、白色针线、胶枪等工具（图2-33至图2-35）。

图2-33　材料（一）

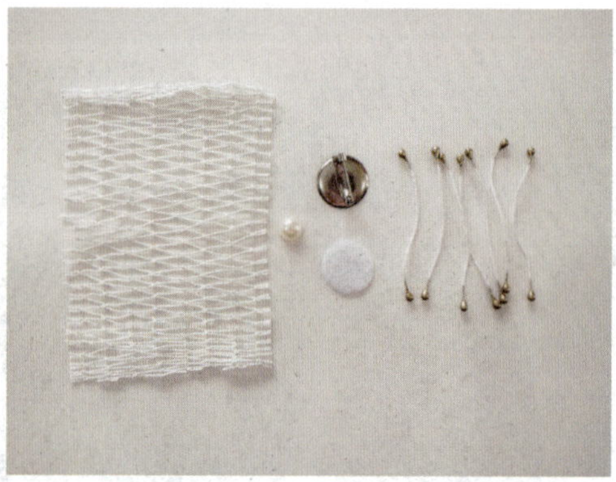

图2-34　材料（二）

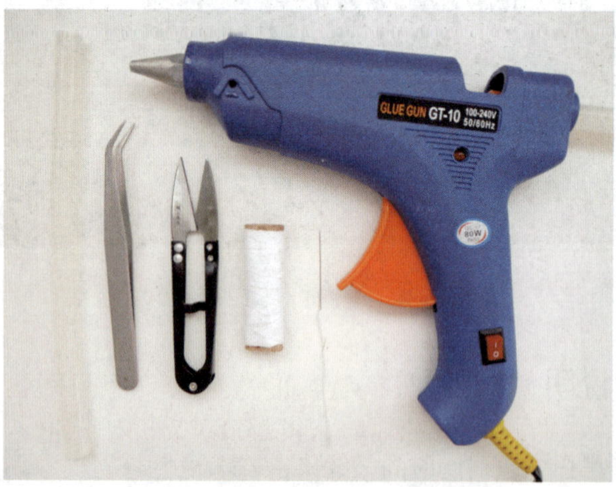

图2-35 工具

（三）制作方法和过程

（1）裁剪出约为700毫米×260毫米大小的渔网（图2-36）。

（2）用铁丝把同层的渔网网眼一上一下地串起来（图2-37）。

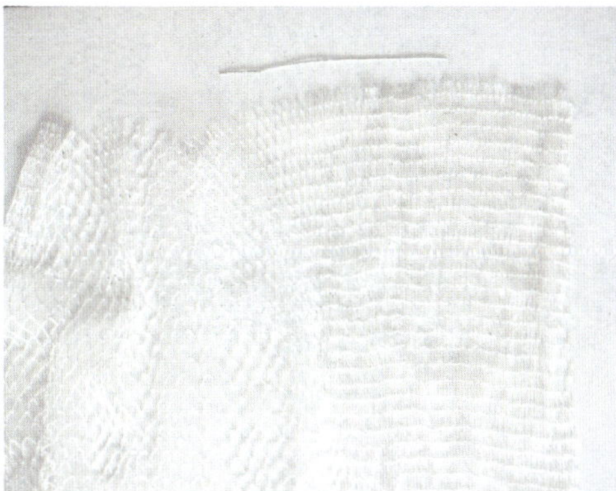

图2-36　裁剪渔网

图2-37　串渔网

（3）将铁丝绕成如图2-38所示的圆圈。

（4）用白色针线，把渔网两边缝合，如图2-39所示。

图2-38　绕成圆圈

图2-39　缝合渔网

（5）用针线把渔网最外沿和帽檐缝合固定，如图2-40所示。

（6）用600毫米×20毫米的含珍珠包边围住帽身和帽檐的转折处，并且用针线固定（图2-41）。

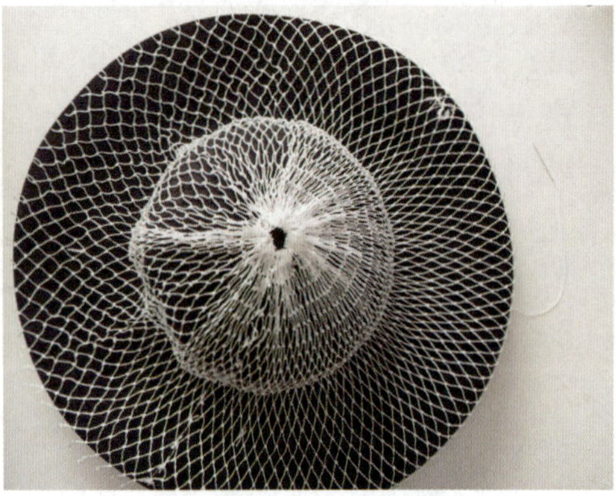

图2-40　固定渔网帽檐

图2-41　用包边围住帽身

（7）将120毫米×60毫米的白色渔网沿长边对折，并且用针线依次固定网结（图2-42）。

（8）将折叠缝制后的渔网两头相接，再用白色针线缝合成一个圈、压平，形成帽花的第一层如图2-43所示。

图2-42　固定网结

图2-43　缝制帽花

（9）将直径20毫米的白色圆形不织布垫剪去一小圈，作为固定金色花蕊的垫片（图2-44）。

（10）将7条双头金色花蕊对半剪开备用（图2-45）。

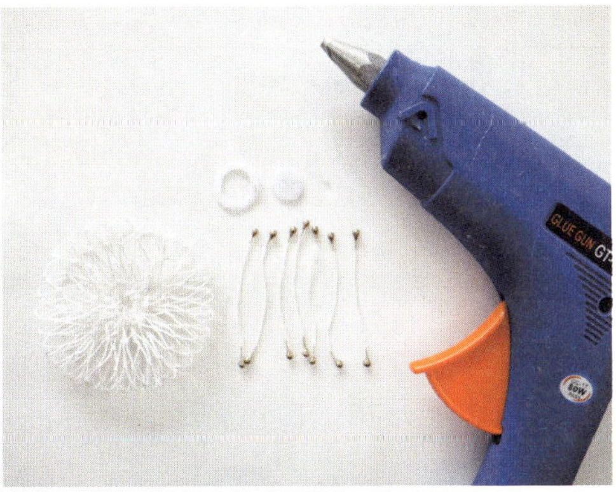

图2-44　做垫片

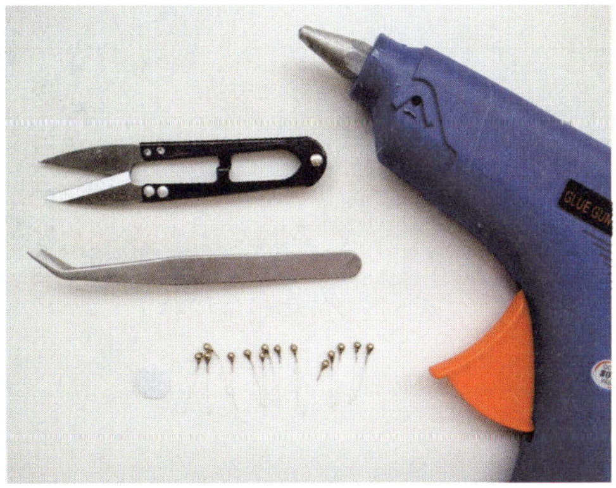

图2-45　剪开花蕊

（11）将金色花蕊呈放射状粘在不织布垫上，然后配以帽花的第一层（图2-46）。

（12）不织布正面粘金色花蕊和帽花第一层，背面粘直径20毫米的胸针托盘（图2-47）。

图2-46　粘好花蕊

图2-47　粘胸针托盘

（13）用胶枪在白色小花的上方粘上直径为10毫米的半圆形珍珠；背面粘在不织布上（图2-48）。

（14）适当地调整渔网网眼和花蕊的位置（图2-49）。

图2-48　帽花粘上珍珠

图2-49　调整位置

（15）在珍珠包边上方扣上白色胸花，作品完成（图2-50）。

图2-50　完成作品

通过这样的设计制作方法，针对不同的帽子种类，结合不同的配件，进行不同的颜色搭配，可适合不同的佩戴人群和佩戴环境，设计出更加精美的网帽，让网帽散发出独有的海洋艺术气息。

六、网包设计

以前，渔民们在生产生活中常用一种用渔网制成的包，叫作“网线袋”。人们带着这种网线袋去海钓、拾海螺、抓螃蟹。因为网线袋是镂空的，所以也不怕被海水浸湿，而且手提绳一抽就能封口，很是方便。

随着人民生活和消费水准不断地提升，对身边日常用品的审美要求也不断提升。以常用的女性背包为例，其材质、尺寸、颜色一应俱全，且样式不断翻新（图2-51）。

图2-51　各式网包

图2-52　水桶包

图2-52是一款时尚的水桶包。该包运用渔网结合金属配件、珍珠、水钻、搭扣、链子等配饰，颇富时尚感。

（一）设计说明

这款水桶包运用了撞色理念，绿色内衬和白色渔网形成鲜明的对比。白色珍珠又呼应了白色渔网，体现了对比和统一的形式法则，整体造型简约、优雅，富有设计感。

（二）材料和工具

制作水桶包的材料和工具包括：直径16毫米珍珠14颗，小搭扣1对，小圆环包扣1对，250毫米长铁丝1条，白色渔网、绿色内衬布料、内里硬板，剪刀、钳子、胶枪、胶棒、针线等（图2-53）。

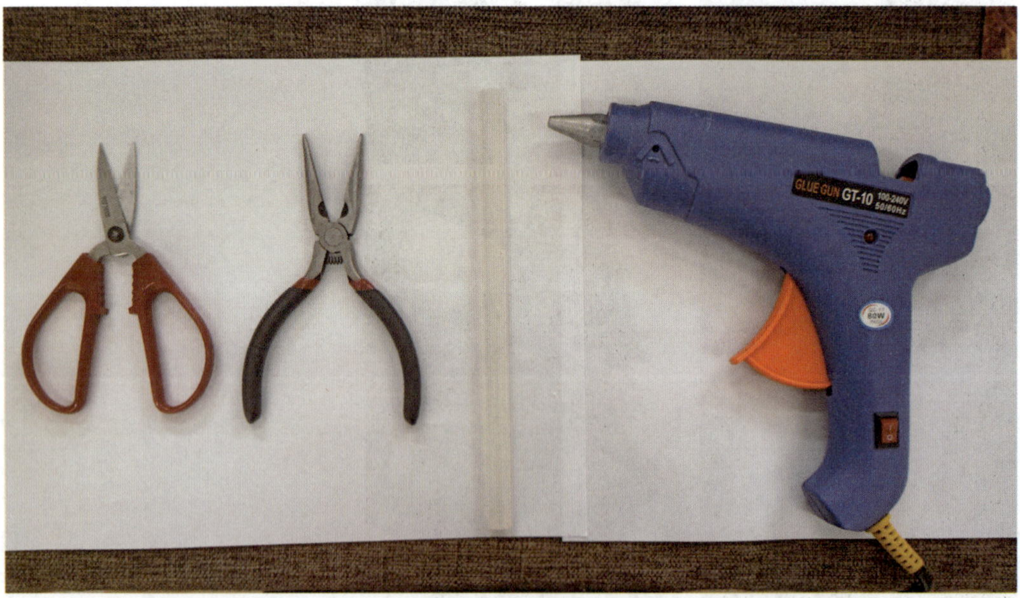

图2-53　工具

（三）制作方法和过程

（1）画出网包的设计草图以及水桶包的方案（图2-54）。

图2-54　设计草图

（2）用硬板制作水桶包的桶体，桶体尺寸约为直径150毫米，高200毫米（图2-55）。

（3）用铁丝制作桶体的支撑骨架，骨架的尺寸和桶体的尺寸应匹配（图2-56）。

（4）在桶体和骨架的外面，分别包上绿色的内衬布，并进行缝制（图2-57）。

图2-55　制作桶体

图2-56 制作骨架

图2-57 包上衬布

（5）将用布包好的骨架套入桶体内部（图2-58）。

（6）桶的外层包上一圈白色渔网（图2-59）。

图2-58 骨架套入桶内

图2-59 套上渔网

（7）用针线包边，把网眼按次序固定在绿布上方（图2-60）。

（8）用细铁丝圈依次串起桶体的底部网眼，并固定，小心抚平网眼（图2-61）。

图2-60 包边

图2-61 固定桶底

（9）用铁丝将直径16毫米的14颗珍珠串起，两端分别连接两个小圆坏包扣。完成珍珠提手的制作（图2-62）。

（10）在桶体两侧，离桶口约15毫米高度的位置上打两个孔，将小搭扣穿过桶体，并组装之前的珍珠提手（图2-63）。

图2-62 制作提手

图2-63 安装提手

（11）适当调整网眼的距离位置，完成网包制作（图2-64）。

图2-64　完成作品

网包还可以设计制作成很多种类，如双肩包、挎包、腰包、零钱包，甚至菜篮子、城市宣传袋等；材料方面还可以搭配皮革、玻璃珠、树脂片、毛线等。

七、渔网刺绣

刺绣是针线在织物上绣制的各种装饰图案的总称，它是用针和线把图案绣在织物上的一种艺术。古代称为针绣，是用绣针引彩线，将设计好的花纹通过在纺织品上刺绣运针体现出来，以绣迹构成花纹图案的一种工艺。

刺绣是我国古老的手工技艺之一，我国的手工刺绣工艺已经有2000多年的历史。《尚书》记载的章服制度中，就规定“衣画而裳绣”。我国刺绣主要有苏绣、湘绣、蜀绣和粤绣四大门类。刺绣的用途主要包括生活和艺术装饰，如服装、床上用品、台布、舞台、艺术品装饰。中国刺绣在国外也享有很高的声誉，是中国文化艺术的代表之一。

渔网刺绣是用织网线在渔网上进行刺绣创作。这种艺术创作粗细、动静结合，体现了独具魅力的海味刺绣文化。

（一）设计说明

图2-65中的这款渔网刺绣是以红、绿聚乙烯织网线为绣线，以白色渔网作为绣布的一款绣盘设计，整体造型清新简洁，独具韵味。

图2-65 “仙人掌”渔网刺绣

（二）材料和工具

制作渔网刺绣的材料和工具包括：白色渔网、直径230毫米绣绷1个、红色织网线、绿色织网线；U形剪、针、纸、笔、胶带等（图2-66、图2-67）。

图2-66　材料

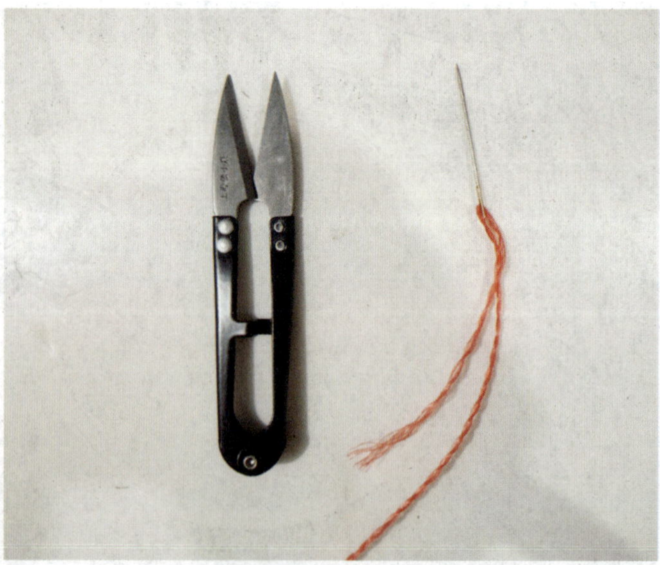

图2-67　工具

（三）制作方法和过程

（1）用绣绷把白色渔网绷紧（图2-68）。

（2）在纸上绘制出刺绣图形（如觉得铅笔稿不够清晰可以将图形涂上颜色），并剪下来，再用胶带粘在渔网上（图2-69）。

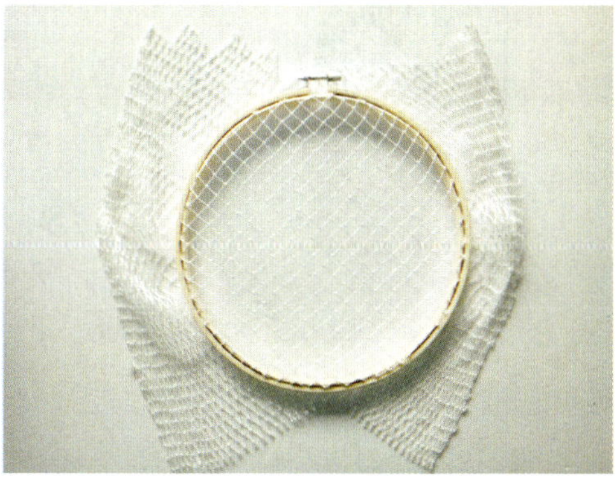

图2-68　绣绷绷紧白色渔网

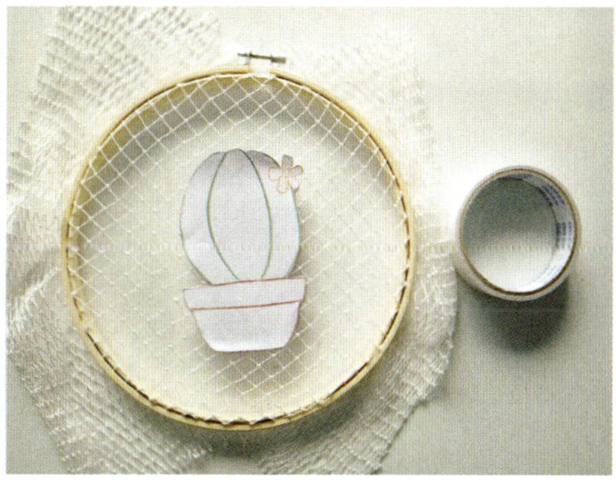

图2-69　将纸样粘在渔网上

（3）把织网线穿进针孔（图2-70）。

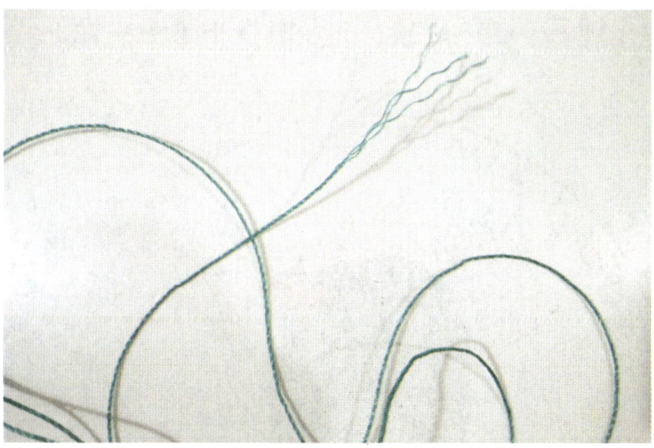

图2-70　渔网穿针

（4）从左到右用平绣法（前文有具体介绍）绣仙人掌。刺绣的技法有：错针绣、乱针绣、网绣、满地绣、锁丝、纳丝、纳锦、平金、影金、盘金、铺绒、刮绒、戳纱、洒线、挑花等。对初学者来说，可以选取几种易学好用的绣法（图2-71）。

图2-71　绘制仙人掌

（5）绣仙人掌中间一块部分。因为织网线比普通绣线粗，加上织网线本身是有纹路的，所以在绣的时候难免出现不平整的现象，应及时抚平（图2-72）。

图2-72　绣制仙人掌

（6）绣完绿色部分的仙人掌后，用红色织网线绣红花，同样采用平绣法（图2–73）。

图2–73　绣制仙人掌花

（7）用红色织网线绣花盆上圈，同样采用平绣法（图2–74）。

图2–74　绣制花盆上圈

（8）用锁链绣（该绣法在“二、制作工具和基本方法”已经介绍了具体操作步骤）绣出花盆的下半部分（图2–75）。

图2-75　绣制花盆体

（9）用U形剪剪去多余的白色渔网，稍微调整，作品即告完成。由于绣布不是实心布，需要通过织网线与网眼交叉线缠绕来“绣”，所以很多时候会出现绣空的情况，这就需要制作者随机应变，对图形进行适当调整。因此，在选取刺绣图形的时候应尽量选择有规则的、较简洁的造型（图2-76）。

图2-76　仙人掌绣成作品

八、渔网挂毯

挂毯也称壁毯。其所用原料和编织方法与地毯相同，作室内壁面装饰用。我国的壁毯制作历史悠久，自古以来，新疆、西藏和内蒙古等地居民就善于用羊毛编织壁毯。壁毯装饰以山水、花卉、鸟兽、人物、建筑等为题材，国画、油画、摄影作品均可表现。大型壁毯多用于礼堂、俱乐部等公共场所，住宅、卧室等常用小型壁毯装饰。

挂毯不仅具有装饰性，还有欣赏性，它所反映出的时代特征又使得这一艺术品具有一定的收藏价值。用渔网结合粗毛线，通过剪、编、穿、扎等方法进行制作，可以让原本普通、平常的渔网变成既美观又有设计感的挂毯。

（一）设计说明

“波浪迭起”渔网挂毯由红、黄、蓝三原色的粗毛线编织而成，图形由三角形组合而成，织法为平针织法，一上一下交错，颇具波希米亚风格（图2-77）。

图2-77 “波浪迭起”渔网挂毯

（二）材料和工具

制作渔网挂毯的材料和工具包括红、白、蓝、黄色粗毛线各1捆、直径15毫米长300毫米的木棒2根，绿色渔网1块；钩针、U形剪、塑料缝合针工具等（图2–78，图2–79）。

图2–78　材料

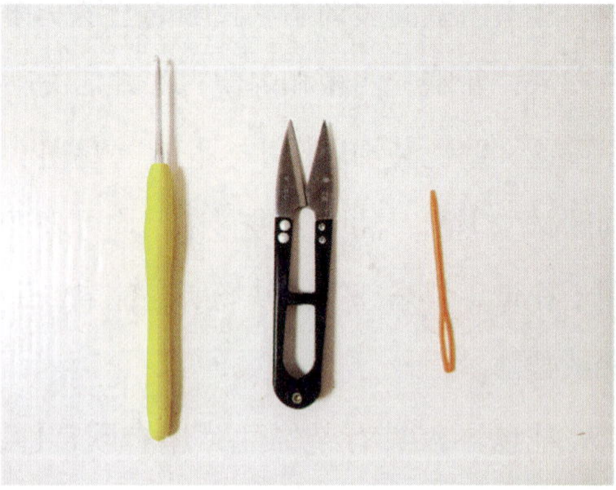

图2–79　工具

（三）制作方法和过程

（1）选渔网上侧边，用一根木棒一上一下地穿过网眼，形成上边框（图2–80）。另一根木棒同样一上一下地穿过渔网下侧一边，形成下边框（图2–81）。

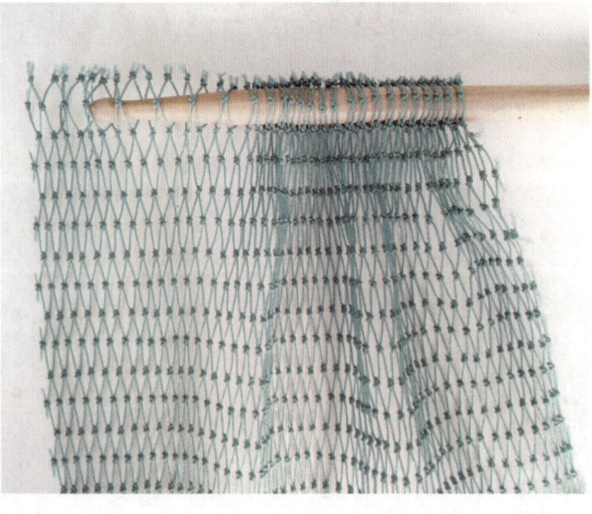

图2–80　木棒穿过网眼

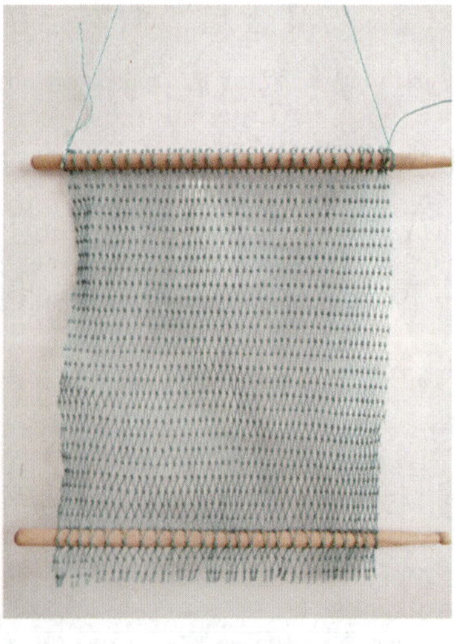

图2–81　挂毯边框形成

（2）在色彩上选用黄、红、蓝三种颜色的粗毛线与绿色的渔网搭配。编织前先确定三角形的3个点，取白色毛线，用打活结的方式标出三角形的3点位置（待所有图形编织完后取下白色标记毛线）（图2-82）。再取红色毛线用平针织法一上一下穿过网眼，并以“Z”字形来回编织，从上到下逐层减少针数。需注意：红色毛线穿过的网线是左右两边为单股，中间为双股。

（3）制作过程中要确保编织出来的图形尽可能准确，这需要准确对好网眼，因为渔网的造型特点比较符合三角形的组合变化，因此，可用三角形设计图形。编完第一排5个三角形图形。适当地调整毛线和网眼的位置，抚平（图2-83）。

图2-82 编织步骤（一）

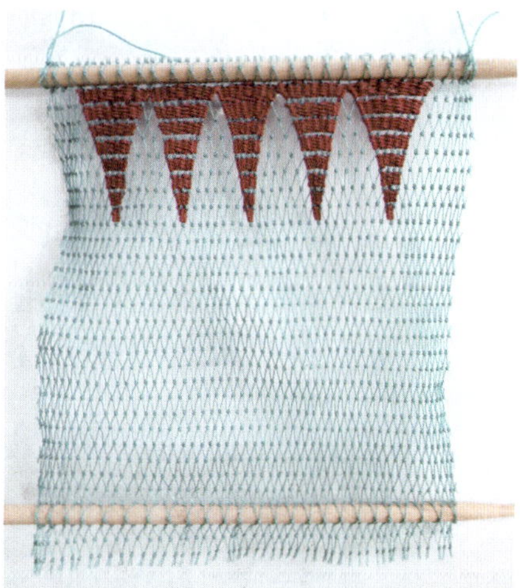

图2-83 编织步骤（二）

（4）重复（2）的做法，取白色毛线，用打活结的方式标出第二排三角形的3点位置（图2-84）。

（5）重复（2）的做法，用黄色毛线编织第二排4个三角形图形。适当地调整毛线和网眼的位置，抚平（图2-85）。

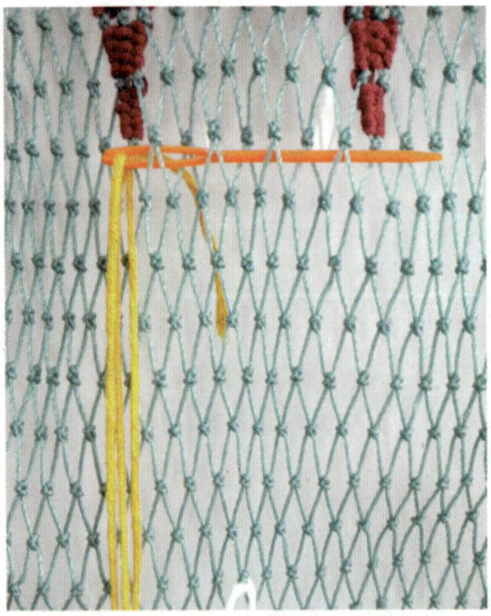

图2-84　编织步骤（三）

图2-85　编织步骤（四）

（6）重复（2）的做法，取白色毛线，用打活结的方式标出第二排三角形的3点位置。取蓝色毛线编织第三排3个三角形图形（图2-86）。

（7）重复（2）的做法，取白色毛线，用打活结的方式标出第一排小三角形的3点位置。取红色毛线编织第一排4个小三角形。此时红色毛线编织的顺序为从下到上。同样，编织小三角形也要调整毛线与网眼的位置，抚平（图2-87）。

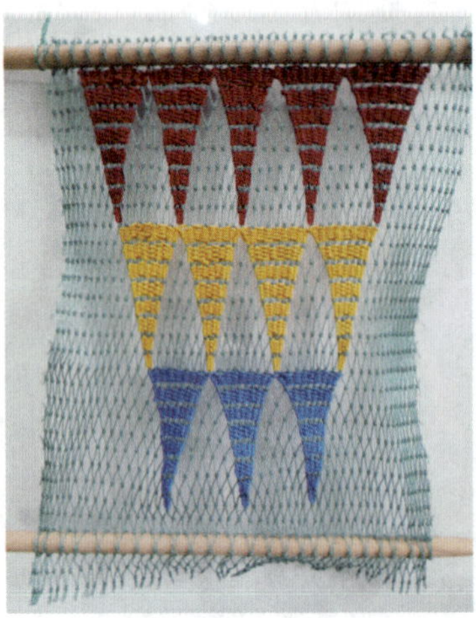

图2-86　编织步骤（五）

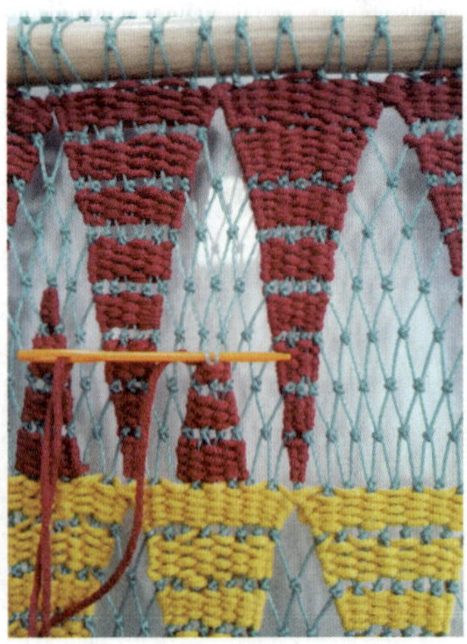

图2-87　编织步骤（六）

（8）重复（2）的做法，完成第二排3个黄色小三角形的编织（图2-88）。

（9）重复（2）的做法，完成第三排2个蓝色小三角形的编织。

（10）剪出60条均为200毫米长的黄色粗毛线，以4条为一组，备用（图2-89）。

图2-88 编织步骤（七）

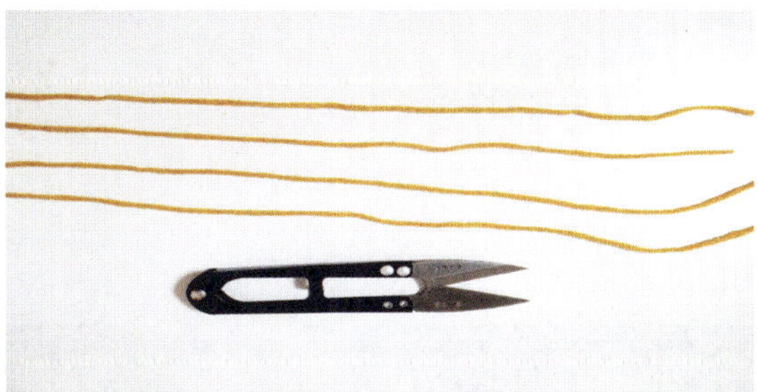

图2-89 剪出流苏毛线

（11）制作挂毯的流苏部分。4条黄色毛线对齐，从A点穿出，绕过C点，穿入B点，尽量穿得松 点（图2-90）。

（12）合起来的8股毛线，从C点穿出并拉紧（图2-91）。完成其余流苏的制作。

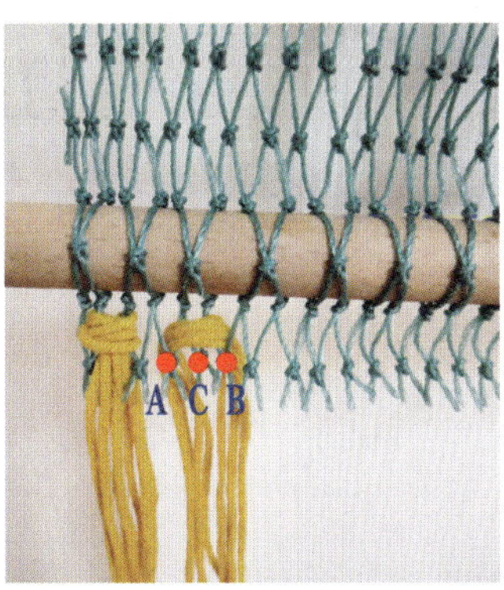

图2-90 编织流苏（一）

图2-91 编织流苏（二）

图2-92　完成作品

（13）修整参差不齐的流苏，理顺（图2-92）。

随着不断练习，待技法成熟后，练习者可以自行设计其他图形。可用不同粗细、厚度、质地的线进行变化。根据渔网挂毯的制作方法，可以衍生出渔网地毯、折叠网凳、渔网拖鞋等网艺家居用品。把这些网艺作品布置在酒店或者民宿中，既实用，又可以让更多的游客了解海洋文化（图2-93、图2-94）。

图2-93　渔网编织拖鞋

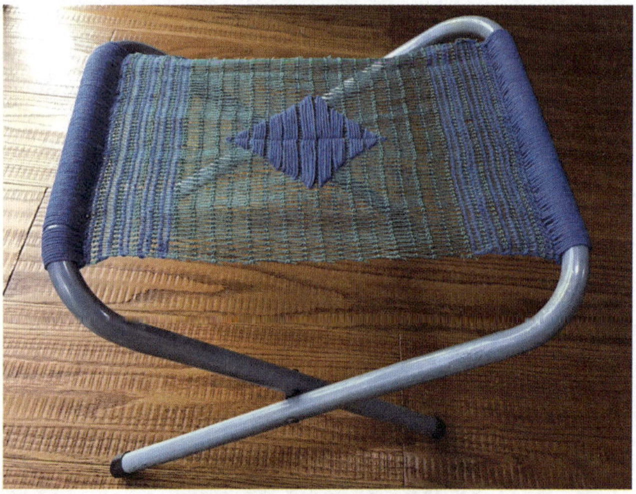

图2-94　渔网编织折叠凳

专题三　海味立体造型

海味立体造型是利用海洋原生态材料或其他综合性材料进行立体表现的造型艺术。创作者通过对材质强度、形状、色泽、可塑性、加工工艺的研究，探索、掌握形体的概括、提炼、联想和想象能力，形成立体造型的原创意识。练习立体造型可以强化空间意识和立体思维能力，并在创作过程中融入海洋元素，提升对海洋元素进行再造型的能力。

本专题主要介绍运用海洋元素进行立体造型创作的技巧与方法。

学习目标：了解和掌握立体造型的基本知识和技能；了解不同材料的特性、构造方式；在制作过程中培养观察、理解和设计造型的能力；提升审美情趣与创作水平。

一、走进海味立体造型

海味立体造型作品形式多样、内容丰富，且有独特的欣赏方法，可以从造型、材料、色彩、意境四个方面进行学习。在学习立体造型时，可以采取小组合作的形式进行。这样可以集思广益、取长补短。

（一）海味立体造型学习四要素

1.造型

海味立体造型千变万化，布局、造型都是变化因素。第一，注重造型层次变化，在布局设计时要考虑材料的高低、大小、位置。如图3–1所示，鹅卵石的大小、树枝摆放的高低都需要注重层次的变化。第二，注重立体造型空间构成美的形式法则（图3–2）。美的形式法则，是一切造型活动不可缺少的重要原则，如形象

图3–1 《丛林》

图3–2 《传承》

的重复、整体的韵律、对比与调和、构图的平衡、形象的特异等，突出三维造型要素。第三，造型时注重点、线、面的形式美感造型法则。

2.材料

海味立体造型的制作材料可分为天然和人造两类。天然材料包括沙子、鹅卵石、贝壳、树枝等（图3-3），用这些材料来进行造型表现，可充分发挥材料本身的材质特色；人造材料主要来自身边的废旧材料（图3-4），如一次性筷子、易拉罐、塑料瓶……创作者可根据不同材料的特质进行造型表现，如海浪、渔船、鱼类等，使立体造型更具有海洋特色。

图3-3 《聆听》

图3-4　海味建筑模型

3.色彩

在进行造型时，色彩的搭配起着关键的作用，能使作品具有强烈的视觉效果。图3-5中的作品保留了木桩、沙子、鹅卵石等材料原有的颜色，再用丙烯颜料在木桩上画出房子形象，整个作品色调和谐统一，具有浓浓的舟山特色。

图3-5 《东极印象》

4.意境

作品有意境是对立体造型设计与制作的最高要求，所以在作品的设计构思时就要体现其独特的创意，以体现其意境。由此才能体现作品内涵，使美由心生。完成作品后，给作品命名也是一个很重要的环节。图3-6中的作品取名为《我的梦海洋梦》，与作品意境非常贴切，且造型生动、主题突出。

图3-6 《我的梦海洋梦》

（二）海味立体造型的学习形式

立体造型拓展课在课时的安排上一般每周只有一节，而一件立体造型作品的制作周期会比较长，材料准备复杂。课堂中往往会出现学生的设计思路、创意想法都很好，但下课时作品却未能完成的情况。所以从起稿、设计到制作完成，以小组形式进行创作更有利于教学目标的落实、设计目标的实现和完成（图3-7）。教师的任务包括：目标呈现、合作设计、根据课例创设情境、引导创作、巡视指导、组织评价。学生的任务包括：组建学习共同体、明确目标、课前分工收集归类信息、整理分类、自主探究学习任务单内容、分析问题、解决问题、作品分工制作、作品展示与介绍。

图3-7　小组合作实现共赢学习

海味立体造型拓展是对动手能力要求较高的课程，教师可以根据学生的学习能力、动手能力及特长等因素将他们组成学习小组。这种学习形式可以进行合作研究、师生共同参与。学生在海味立体造型制作中各有特点和优势，有强于设计创新的，有强于动手制作的，有强于空间创造的——让学生扬长避短，才能实现共赢。

小组合作探究形式可以多样，教师可以将“不求人人成功，但求人人进步”作为教学所追求的一种境界，也可以作为教学评价的最终目标和标准。

本部分着重介绍海味立体造型作品的制作方法，了解其独特的艺术特色，并在欣赏时学会进行多方位评述。

二、材料与制作工具

海味立体造型的制作材料完全来源于生活，制作材料十分广泛，可以按点状、线状、面状、块状等形状进行分类。这要求学生平时要注意收集积累多种材料，并按类别有序整理，放入专门的收纳盒。比如点状的材料用小纸盒放好，面状的材料放在纸箱中，线状的材料进行团状收集。为了日后进行造型创作时方便寻找和取用，在分类存放好以后还要贴上标签。

在积累的过程中，需要熟悉材料的性质，并不断地比较。这样，在面对两种形态、质地相近的材料时可以根据创作需要进行取舍。这一实践过程会积累很多经验，也对养成好习惯有所帮助，为以后创造性思维的运用打好基础。

（一）材料的分类

点状材料：体积较小的物体，如小贝壳、石头、瓶盖等（图3-8）。

线状材料：铁丝、麻绳、树枝（图3-9）。

面状材料：面积较大的材料，如旧船板、纸板、雪弗板等（图3-10）。

图3-8　点状材料

图3-9　线状材料

图3-10　面状材料

（二）材料的特点和表现的形态情感

学习中要关注材料的特性，巧妙地利用材料进行创意，突出三维概念，营造海味创意。各式材料都会有其独特的形态情感（表3-1）。因此在进行立体造型制作时，对材料的情感属性进行创造性的利用，并寄托自己的情感，才能创作出有感情的立体造型作品。

表3-1 材料所代表的感情

材料形态	材料情感	收集材料名称
点材	具有活泼、跳跃的感觉	小贝壳、小石头、纽扣、瓶盖……
线材	具有长度和方向，在空间能产生轻盈、锐利、运动感，造成空间的节奏感和流动感	各种粗细麻绳、渔绳线、干树枝、电线、铁丝、吸管、一次性筷子……
面材	具有扩展感、充实感，给人以厚重、稳定的感觉	船板、盘子、纸板、雪弗板、塑料……

在学习活动中，学生要用创造性的眼光去发现美和创造美，并大胆地“变废为宝”。秉持巧用废物进行造型的理念，可以培养节约材料、合理利用废弃物的良好习惯。在创作过程中，学生可以获得体验、快乐与成就感，表达自己的感受，开阔思路与眼界、拓展想象的空间。

（三）海味立体造型的工具介绍及使用方法

海味立体造型的工具根据材料的变化而变化，在进行造型时可根据需要选择工具。

裁剪类：美工刀、剪刀、钳子（图3-11）。

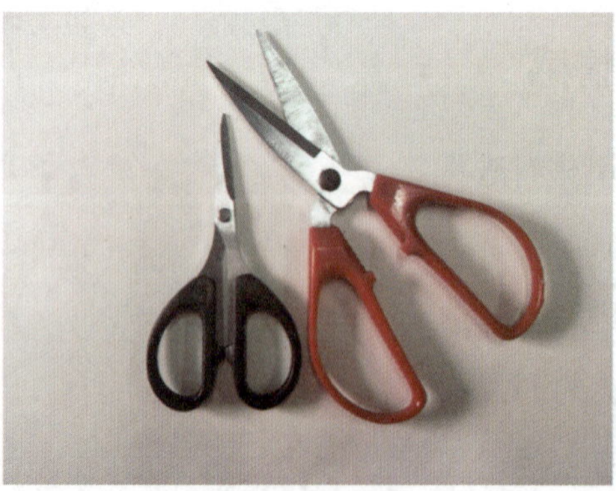
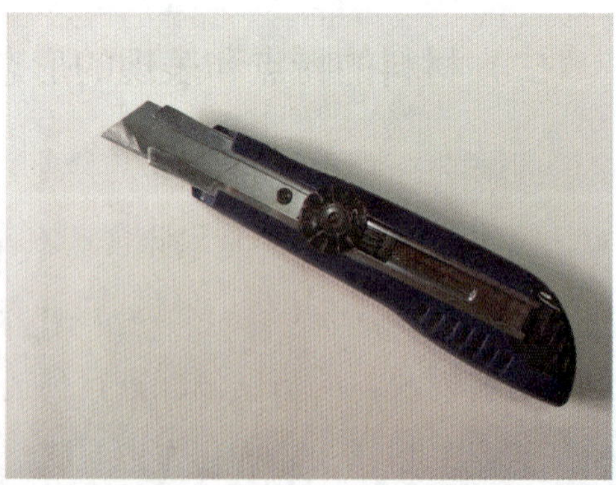

图3-11 裁剪类工具

粘贴类：胶枪、胶棒、双面胶、酒精胶、固体胶、白胶等（图3–12）。

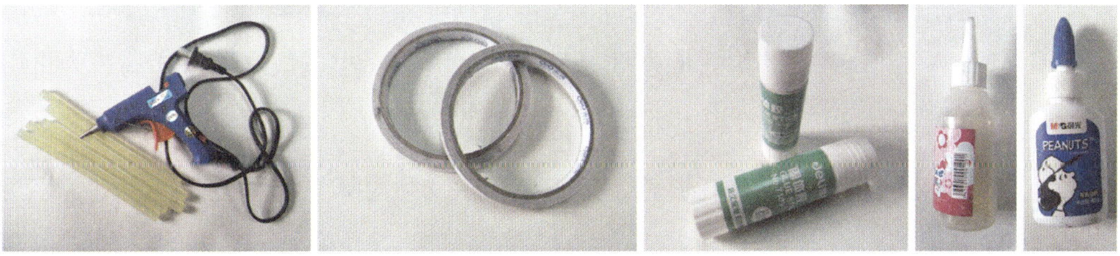

图3–12　粘贴类工具

上色类：丙烯颜料、尼龙笔、清漆等（图3–13）。

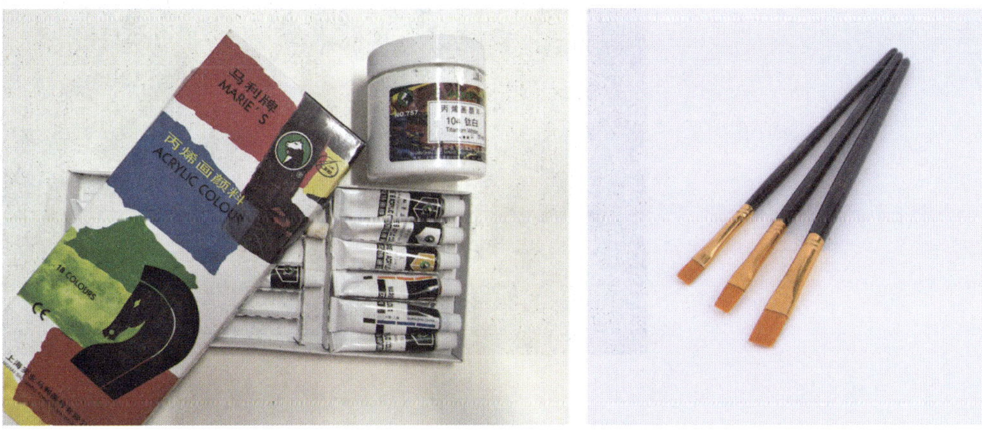

图3–13　上色类工具

海味立体造型的创作者应有一双善于发现美的眼睛，要善于收藏材料，挖掘材料所体现的魅力，收藏的材料多了作品就有更多的表现可能。使用工具时，也需要注意安全。

三、鱼趣造型制作

舟山渔场是我国最大的渔场，是浙江省、江苏省、福建省和上海市渔民的传统作业区域。它与俄罗斯的千岛渔场、加拿大的纽芬兰渔场、秘鲁的秘鲁渔场齐名。地理、水文、生物等优越自然条件，使舟山渔场及其附近海域成为适宜多种鱼类繁殖、生长、索饵、越冬的生活栖息地。其中，大黄鱼、小黄鱼、带鱼和乌贼为舟山渔场捕捞量最多的资源群体，被称为“四大渔产”。这些形态各异的海洋生物给海味立体造型制作提供了丰富的素材。创作者可利用身边的海洋生态材料，进行设计制作（图3-14、图3-15）。

图3-14　立体作品（一）

图3-15　立体作品（二）

利用渔绳来制作鱼的造型，是本部分的重、难点。下面介绍用渔绳设计制作鱼的立体造型。

（一）材料和工具

制作鱼趣造型的材料和工具包括：旧船板、各种渔绳线、树枝、贝壳、鹅卵石、剪刀、胶枪、胶棒。

（二）制作方法和过程

（1）鱼身的制作。剪取一块硬纸板，在上面画上所要制作的鱼的外形（图3-16），并用剪刀剪出外形，然后在剪出的鱼形硬纸板上粘上双面胶（图3-17）。

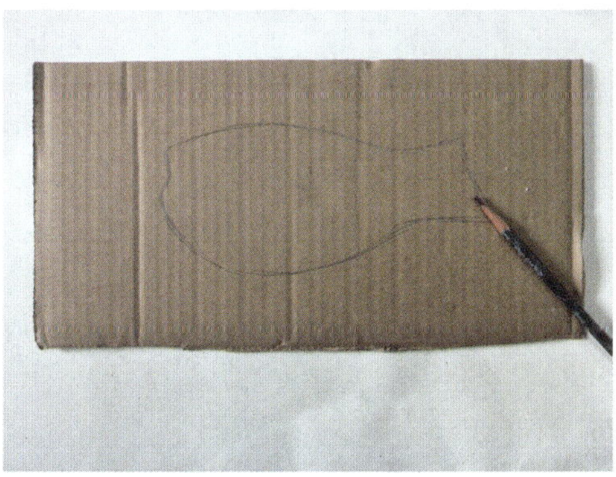

图3-16 在硬纸板上绘制外形

图3-17 在鱼形纸样上粘双面胶

（2）取一段较粗的渔绳线，将鱼的头部用缠绕法进行装饰，注意线与线之间要紧密排列（图3-18）。

（3）再用圆圈打转法，将渔绳绕圈进行鱼身部分的装饰（图3-19）。在进行装饰时将缠绕后的渔绳通过双面胶紧紧贴在纸板上，鱼身装饰的花纹可根据需要进行创意制作。

图3-18　用鱼绳线进行缠绕

（4）在制作完成的鱼装饰上，再次用粗的或颜色不同的渔绳线进行美化（图3-20），调整完成（图3-21）。在这一环节中，可以采用不同的创意手法。

图3-19　鱼身装饰

图3-20　鱼身美化

图3-21　不同装饰手法

（5）同样的方法可以设计制作不同形状、不同种类的鱼造型，相应的装饰手法也可以有所变化（图3-22）。

（三）整体造型布局

在船板上放好所需要的树枝，用胶枪、胶棒进行固定，再把制作好的各种鱼造型，按照高低、前后、疏密变化进行粘贴布局（图3-23，注意造型层次的变化）。最后，再加入贝壳、鹅卵石进行装饰。

图3-22　不同的鱼造型

图3-23　整体造型布局

（四）鱼造型的创意拓展

在鱼的创意造型材料上可选择用多种线形的材料，如麻绳、毛线等；在用麻绳进行制作时，可使用酒精胶进行粘贴（图3-24、图3-25）。

在制作过程中，可适当用渔绳线的装饰手法。鱼趣海味立体造型的完成需要花费比较长的时间，在造型的过程中需要发挥想象力，使作品有更丰富的变化。

图3-24 粘制贝壳

图3-25 鱼造型创意拓展

四、鱼韵造型制作

大胆实践、“变废为宝”是海味立体造型学习的主旋律之一。因此，学生在生活中要用创造性的眼光去发现美和寻找美，践行巧用废物进行造型的环保理念。易拉罐是生活中常见的物品，人们一般会将废易拉罐扔进“可回收物”垃圾箱。其实，如果将这些废易拉罐裁剪、修形，也能制成精美的艺术品（图3-26）。

图3-26 精美的鱼韵造型

下面简要介绍鱼韵立体造型作品（易拉罐）的制作。

（一）材料和工具

制作鱼韵造型的材料和工具包括：易拉罐、树枝、鹅卵石、船板、剪刀、胶枪、胶棒。

（二）制作方法和过程

1.鱼身的制作

（1）将收集的易拉罐用剪刀从罐底部剪开（图3－27）。

（2）将剪开的一头压扁作为鱼身（图3–28），再将另一头剪开，形成尾部，将其用胶棒粘住（图3–29）。

图3–27　剪开底部

图3–28　制作鱼身

图3–29　制作鱼尾

2.鱼身鳞片、鱼眼睛、树叶的制作

（1）将另一只罐身剪成形状相同的鱼鳞片（图3-30），收集在盒子中（图3-31）。

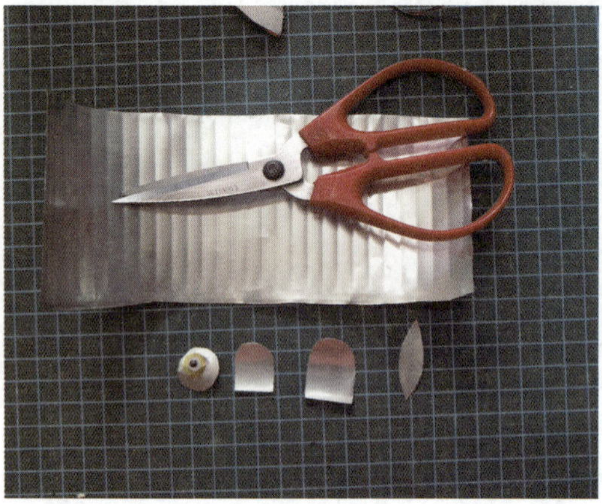

图3-30　剪鳞片

图3-31　集中备用

（2）剪好的鱼鳞片按照一定的顺序用热熔胶棒进行粘贴（图3-32），直到将整个鱼身全部粘满（图3-33）。最后贴上鱼的眼睛。

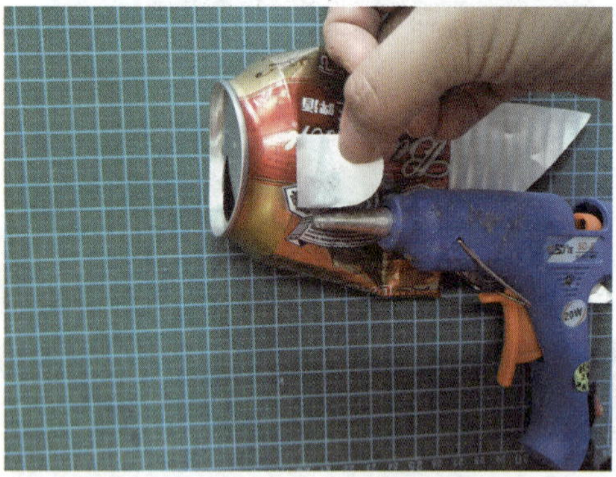

图3-32　粘鱼鳞

图3-33　贴鱼眼

（3）调整完成鱼造型，随着罐体尺寸和剪裁尺寸的不同，鱼的造型也可以有多种变化（图3-34）。

（4）将剪好的树叶形状的金属片粘贴到树枝上，注意要错落有致（图3-35）。

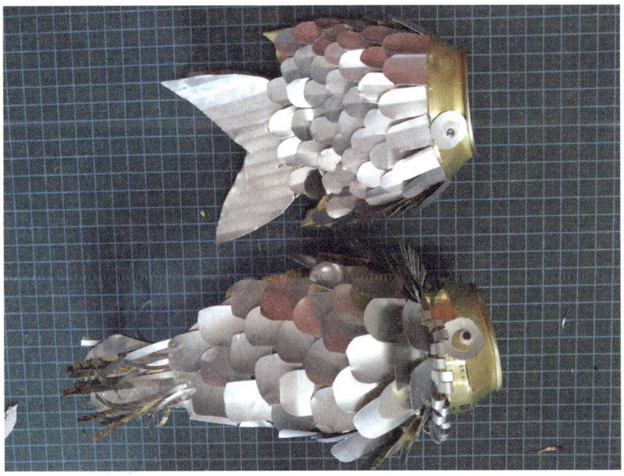

图3-34　鱼造型完成

图3-35　贴树叶

（三）布局完成

（1）在准备好的船板和树枝上粘贴上制作完成的各种鱼造型，要求方向不一、疏密得当（图3-36、图3-37）。

图3-36　整体布局（一）

图3-37　整体布局（二）

（2）最后，将鹅卵石摆在船板上完成作品（图3-38）。

图3-38 完成作品

在制作过程中，应注意鱼身造型的制作，并尝试进行各式创意造型。在裁剪易拉罐制作叶片时也要注意安全，用热熔胶粘贴的时候要注意作品整体的层次变化。

五、渔梭造型制作

“工欲善其事，必先利其器”。织渔网也是这样，织网过程中渔梭是必不可少的工具。梭子本身质量的好坏直接影响到织网的速度和质量。渔梭有竹木、铁、铜和塑料等不同的材质，根据所织渔网的大小，梭子也有各种型号，常见的为竹和塑料质地。离开了海边和渔网，梭子也能有用武之地。本部分就介绍如何利用渔梭独特的造型特点，进行设计创意，制作出具有浓郁海洋特色的立体造型作品（图3-39）。

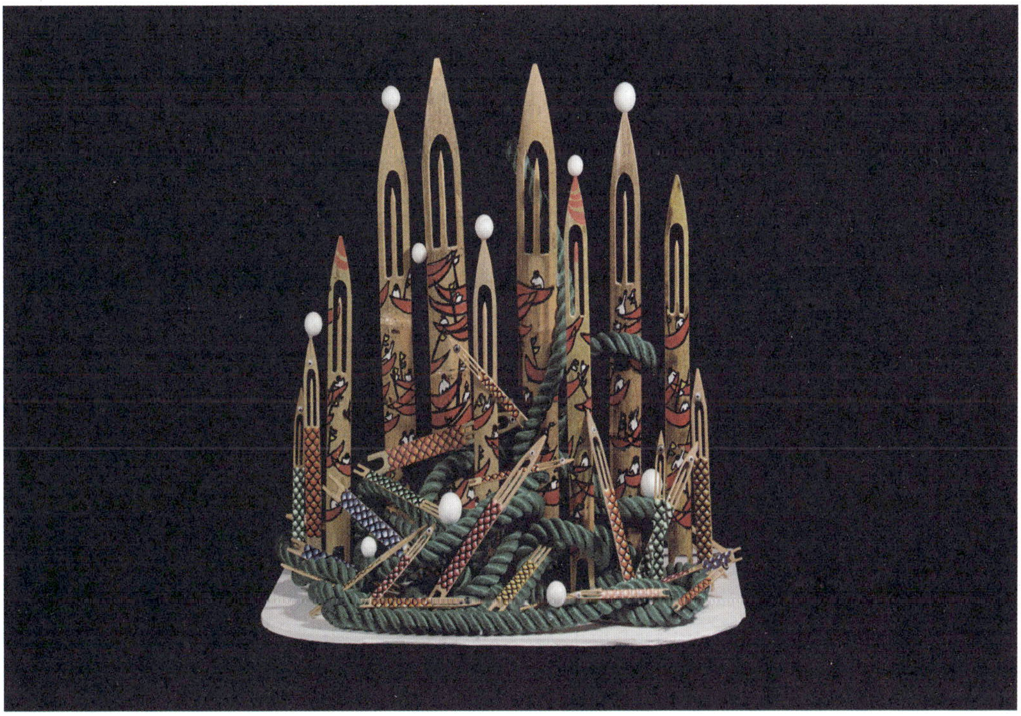

图3-39　渔梭造型作品

（一）材料和工具

制作渔梭造型的材料和工具包括：大小不同的竹梭子若干、渔绳、泡沫球、雪弗板、胶枪、胶棒、剪刀、丙烯颜料、调色盘、尼龙笔。

（二）制作过程和方法

1.构思与创意

在竹梭子上预先构思出所要表现的内容，根据预想的内容，用铅笔在竹梭子上绘制线稿（图3-40）。线稿的内容可以借鉴如图3-41所示的舟山渔民画，也可以绘成鱼鳞形海浪，配以船与人的轮廓。

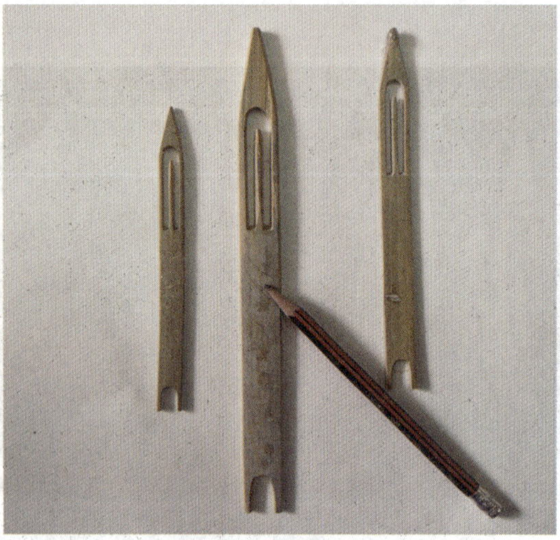

图3-40　画线稿

图3-41　参考图案

2.配色和上色

根据绘制的线稿用丙烯颜料进行上色，注意涂色均匀，色彩搭配和谐（图3-42、图3-43）。因需要对多个渔梭进行彩绘，应注意色彩的整体性。

图3-42　上色（一）

图3-43　上色（二）

3.底盘造型

在雪弗板上放好渔绳线进行造型摆放，用胶棒、胶枪固定。

4.主题造型

将完成彩绘的渔梭进行造型摆放，注意画面的层次效果，再用小泡沫球进行装饰。在摆放造型时注意整体造型的疏密；并注意点、线、面的结合。在确定所有元素位置后，用胶枪进行固定。

（三）渔梭立体造型作品

渔梭的造型还可以进行多方位的创意设计，需要设计者在构思时集思广益，考虑多种造型方式。如图3-44中的作品，作者用渔梭来表现海底生活的鱼群，用渔民画的色彩装饰渔梭子，再用表示海底的鹅卵石进行点缀，海底生机便近在眼前。

图3-44　渔梭立体作品（一）

渔梭立体造型作品设计创意时还可以具有很强的趣味性，增加作品的视觉效果（图3-45、图3-46）。在材料的选取时应考虑和谐感。

图3-45　渔梭立体作品（二）

图3-46　渔梭立体作品（三）

在设计制作时需要注意渔梭上图案的创意性、构思渔梭摆放的位置，注重整体效果的层次体现；还应考虑选用什么样的材料搭配渔梭进行造型，才能使作品更具有韵味。

六、海浪花造型制作

在不同的风速、风向和地形作用下，海水会形成各种各样的海浪纹和浪花（图3-47）。这些海浪纹和浪花会给海味立体造型带来很多灵感。通过对材料进行整理、变形，可以设计出独具特色的海浪立体造型（图3-48）。

图3-47　海浪纹与海浪花图案

图3-48 《传承》

（一）材料和工具

制作海浪花造型的材料和工具包括：打包带、麻绳、奶粉罐、木板、白纸、插花泥、衍纸刀、胶枪、胶棒、酒精胶、裁纸刀（图3-49）。

（二）制作方法和过程

1.奶粉罐装饰制作

将奶粉罐用麻绳缠绕后用酒精胶进行固定和装饰，在缠绕时注意线的紧密排列。将奶粉罐缠绕完成、麻绳固定后，再用粗一点的麻绳进行海浪纹线的装饰（图3-50）。

图3-49　材料和工具

图3-50　装饰制作

2.水滴形浪花的制作

将白纸裁成5毫米宽的纸条备用（图3-51），用衍纸刀将白纸条的一端夹住，逆时针旋转（图3-52），将整个纸条卷完（图3-53），然后用固体胶棒固定（图3-54）。注意，纸条卷的松紧程度决定了水滴形浪花的大小。最后用手指按压成水滴状。

3.打包带浪花的制作

将打包带用剪刀剪成若干长短不一的线段，打包带会因弹性而形成自然弯曲（图3–55），将多个水滴形的小“浪花”用胶棒粘在打包带上（图3–56）。注意粘贴的间距，要有疏密变化。

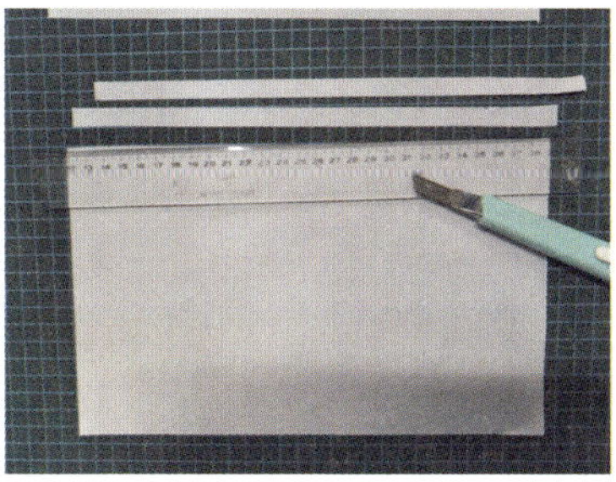
图3–51　裁纸

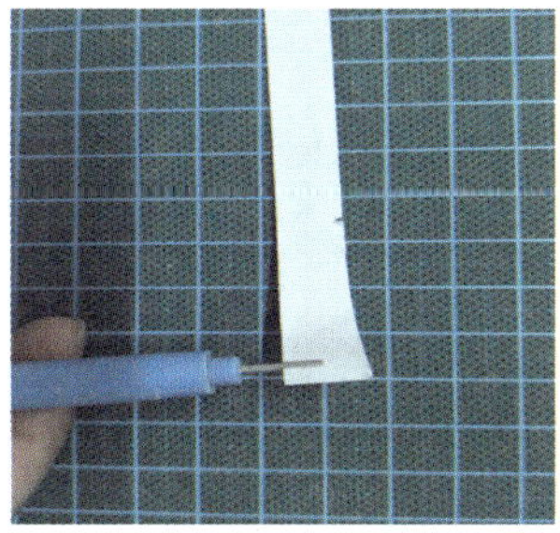
图3–52　卷纸（一）

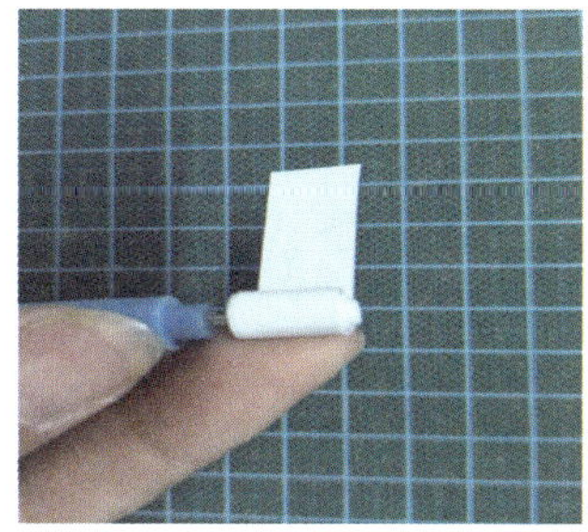
图3–53　卷纸（二）

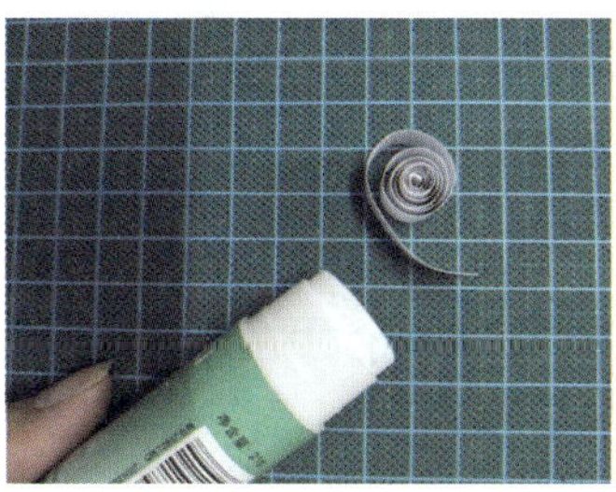
图3–54　粘结

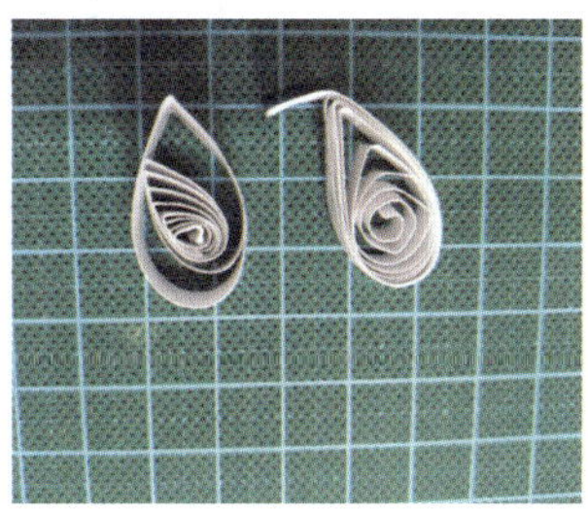
图3–55　“浪花”制作完成

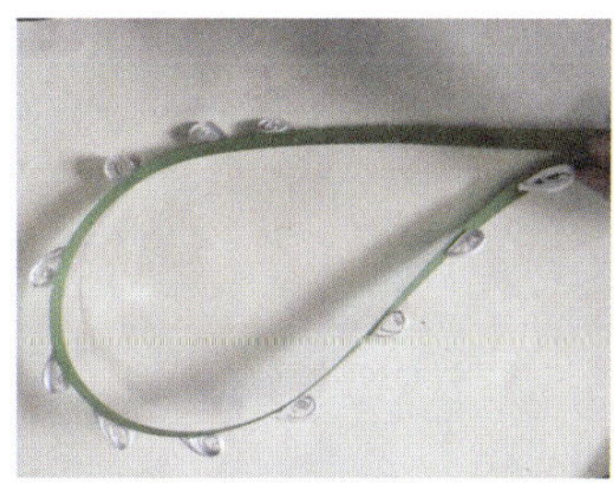
图3–56　制作“海浪”

4.整体造型

在装饰好的奶粉罐中放入插花泥（图3–57），将打包带制作成的浪花带造型按照长短、前后、疏密进行造型，然后将打包带两端都插入插花泥中（图3–58）。

图3–57　放入插花泥

图3–58　整体造型

5.底部设计

选取一块木板，上面用粗细不同的麻绳进行装饰，装饰的图形可采用海浪纹的图案，注意造型的变化与统一。最后，把做好的海浪花造型放在木板上进行固定，再用白色水滴状造型进行装饰（图3-59），调整并完成作品。

图3-59 完成作品

（三）海浪花立体造型作品拓展

海浪花立体造型也可考虑其他材料，如图3-60

所示。这一作品使用材料是红色的一次性纸杯，用剪刀从杯口剪出线条后，再进行弯卷的造型。用胶棒将多个设计好造型的纸杯进行组合，可以使造型具有较强的视觉冲击力。

教师除了指导学生进行制作，还应有意识地引导他们注意观察海浪纹与海浪花的各种形态，并将它们画下来。此外，还可以鼓励学生们定期整理自己收集的材料，这能使学生们在进行相关创作时有更多素材。

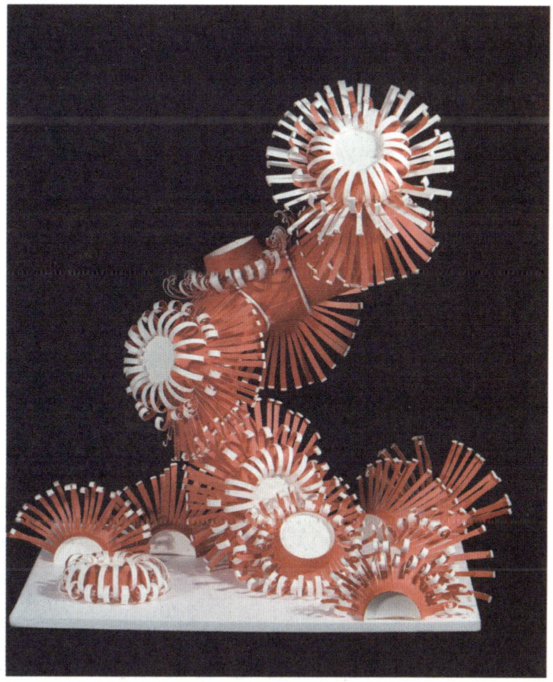

图3-60 海浪花造型作品

七、海味微景观

舟山群岛由大大小小近1400个岛屿组成，这些岛屿宛如散落在东海上的一颗颗明珠。海岛自然景色迷人，风景秀丽，无不吸引着我们的眼球，一条条跨海大桥连接着这些岛屿，不管是日出还是日落，都带给我们一种别样的情怀。鹅卵石、沙子、树枝、贝壳、珊瑚……这些大自然的产物，根据创作者对它们的理解，通过在一只小小的盘子里布局摆放，制成的微景观充分体现了舟山地区的独特海洋景观，如图3-61至图3-64所示。海味微景观作品造型简洁，富有意境和自然之美。其制作环节简单，但需要有整体造型布局摆放的设计，可以多次尝试。

图3-61 微景观（一）

图3-62 微景观（二）

图3-63 微景观（三）

图3-64 微景观（四）

（一）材料和工具

制作海味微景观的材料和工具包括：各式盘子、石头、鹅卵石、干树枝、贝壳、小珊瑚、沙子、胶枪、胶棒、亮光漆、丙烯颜料、水粉笔。

（二）制作方法和过程

（1）根据需要将白色的盘子用丙烯颜料上色（图3-65），收集的干树枝也用白色丙烯颜料上色（图3-66）。上色时要涂色均匀，晾干待用。

图3-65　上色（一）

图3-66　上色（二）

（2）盘子、石头、鹅卵石晾干后，用亮光漆进行上色，增加作品效果（图3-67）。

图3-67　上亮漆

（3）在盘子上依次摆放石头（图3-68）、鹅卵石、干树枝（图3-69）、贝壳、珊瑚等（图3-70）进行造型摆放，注意布局统一，疏密得当。这一过程可能会经过多次反复、调整，直至达到最佳效果。最后用胶棒固定。

图3-68　摆放石头

图3-69　摆放干树枝

图3-70　摆放贝壳、珊瑚

（4）在初步完成的盆景上撒上白色的沙子（图3-71）；也可以用树枝画出一些海浪纹（图3-72），使微景观的内容更丰富。

图3-71　撒沙子

图3-72　画海浪纹

（三）海味微景观作品欣赏

海味微景观的作品形式感较强，摆放的方式灵动（图3-73），再给作品取上一个出彩的名字更能体现其意境。

图3-73　灵动的微景观

在设计制作过程时注意石头、鹅卵石、树枝等物体的整体布局，以实现微景观造型的和谐统一。在放沙子的时候注意沙子的量，沙量的多少会影响效果。在材料选择上可以更为宽泛，进行多种尝试才会有更多可能。

八、海味建筑立体造型

舟山群岛位于我国东南沿海，明清时期资本主义萌芽出现以后，海外贸易、东南物流开始兴起，商贸、运输逐渐成为舟山经济的新增长点。“渔”“农”“港”三种行业，对舟山民居建筑形态影响最为深远，从而形成了渔家民居、农家院落和商贾宅院三种主要的民居建筑形式。相比较而言，目前典型的商贾宅院主要集中在舟山本岛的定海古城；而渔家民居、农家院落则散见于其他岛屿。随着舟山地区经济的发展，海边特色建筑又出现一些新的形式（图3-74）。以舟山地区特色建筑为蓝本，利用一次性竹筷、沙子、贝壳等材料来设计制作建筑模型，可以使学生在增强动手操作能力的同时，充分领略建筑之美（图3-75）。

图3-74 海味建筑造型（一）

图3-75　海味建筑造型（二）

（一）材料和工具

设计制作海味建筑立体造型所需材料及工具包括：一次性筷子、沙子、贝壳、胶枪、胶棒、美工刀、尺子等。

（二）制作方法和过程

（1）设计自己预想的户型，可先在纸上画出简要的造型。

（2）用筷子做出地基（图3-76）。用胶棒粘贴，用美工刀修整筷子使其长短一致时，要注意安全。

（3）建造围墙、制作门窗。因门窗安装较费时间，在粘接围墙时应预留出门窗安装口；此外，门窗安装口的尺寸一定要规整（图3-77至图3-80）。

图3-76　制作地基

图3-77　制作立面

图3-78　制作围墙

图3-79 制作门

图3-80 制作窗户

（4）制作屋脊。粘出两个三角形（图3-81）。在搭好围墙的内部用筷子将屋脊固定在墙壁上（图3-82）。预留出两个栏杆，便于后面步骤中制作阳台。再制作屋顶：选用笔直的筷子交叉粘接形成房顶，用美工刀将边修裁整齐。

图3-81　制作屋脊三角形

图3-82　制作屋脊

（5）将小木屋放在雪弗板上，再在上面铺上沙子、放上鹅卵石和贝壳，营造海边人家的环境、氛围，直至调整完成。最终的作品如图3-83所示。

（三）海边人家——海味建筑立体造型欣赏

海味建筑立体造型的作品内容制作范围广泛。房子的制作一般采用木质材料，在制作的方法上可根据自己的爱好进行变化，没有固定模式，注重创意（图3-83）。

图3-83　作品欣赏

设计制作海味建筑立体造型要求对海边建筑的样式有初步的了解。在处理材料时应注意安全，也可以尝试用多种材料进行搭配，如废旧的棒冰棍、牙签等，建筑的造型也可多变。最后是建筑周围环境的布置，可采用树枝、鹅卵石、沙子等，以体现舟山特色为主。

专题四　海鲜烹饪

海鲜烹饪是指将新鲜的海产食物加工制成菜肴和食品的过程。舟山渔场作为世界著名渔场，具有得天独厚的地域优势和种类丰富的海洋资源。这里海洋物产丰富，种类繁多，共有海洋生物1100余种，主要捕捞品种有带鱼、墨鱼、梭子蟹等40余种，鱼、贝和经济藻类的资源蕴藏量和产量非常高。舟山海鲜烹饪以原材料的鲜度和质地形成了自己特色，备受国内外食客喜爱。

本专题主要介绍舟山海鲜“重口味、轻形状”的烹饪特色和“鲜咸合一”特色风味，以及烩、烧、炖、蒸、白灼、腌等烹调技法，结合“咸菜大汤黄鱼”“红烧带鱼”等舟山经典海鲜菜肴制作过程的详细讲解，使学生在掌握技法的同时，充分领略“舌尖上的舟山”。

学习目标：了解和学习舟山海鲜烹饪的基本知识和技能；能制作两三道经典的舟山海鲜菜肴，并在制作过程中体验和感悟渔家人在海鲜烹饪加工中追求原汁原味的精神所在；进一步感受海洋对人类的恩赐，增强保护海洋环境及生物资源意识。同时，还应注意了解国家相关最新关于保护野生动物的法律法规。这样做，除了保护野生动物资源，也是保护人类自身的健康。

一、海鲜烹饪概述

海鲜，又称海产食物，是指将新鲜的海产食物加工制成菜肴和食品。海鲜的分类有活海鲜、冷冻海鲜等。

（一）海鲜的悠久历史

“海鲜”，古称“海错”，意为“海中产物，错杂非一”。追根溯源，虽无确切的文字记载，但根据考古学家的考证，早在新石器时代，人类已懂得采拾贝类以供食用，而且已有熟食加工了。翻开烹饪类的古籍资料，发现有关海鲜的记载主要有三个方面：一是饮食养生；二是烹饪技巧；三是海鲜菜品。其中，尤以海鲜菜品的记载最为丰富。据史料记载，中国传统海鲜饮食烹制、调味方法、用料组合以及对火候的把握，都已自成一体。由此可知，对早期沿海居民来说，海鲜是重要的食物来源。

（二）海鲜的药用价值

我国自古就信奉“食疗同源”之说，希望以食为药，利口利病。海鲜中有易于人类消化吸收的蛋白质、不饱和脂肪酸、氨基酸、维生素等。藻类中所含的多糖、无机盐等是陆地上的动植物无法比拟的。金枪鱼的鱼肉含有丰富的蛋白质，脂肪酸大多为不饱和脂肪酸，具有降血压、降胆固醇以及防治心血管病等功能；海螺和蛤蜊，富含维生素A和锌元素，蛋白质含量比羊肉还高。因此，科学地食用海鲜，既能满足人体的营养需求，又能起到保健的作用。

（三）海鲜的烹饪技巧

千百年来，海鲜一直为不同地区的人们所喜爱，除了丰富的营养价值，也与它为各种文化所包容以及烹饪方式的多样性是密不可分的。海鲜烹饪是一种技术、一门艺术、一种文化，更是海边人的一种情怀。

1.海鲜烹饪讲究原料鲜活

海鲜烹饪对原材料的要求之一就是鲜活，这与中国传统对味的要求是十分相符的。中国人历来追求味觉的快适，即“甘”。《说文解字》对“甘”的解释是“甘，美也。从口含一”。“美味佳肴”已是千百年来沿袭使用的说法。《吕氏春秋·本味篇》记载了我国也是世界上最古老的烹饪理论，其中记述了商汤时期天下的美食，“鱼之美者：洞庭之鳙，东海之鲕，醴水之鱼，名曰朱鳖，六足，有珠百碧。藿水之鱼，名曰鳐，其状若鲤而有翼，常从西海夜飞，游于东海。”《吕氏春秋》中所记载的这些“鱼之美者”，最显著的特征就是“鲜活”而“味甘”，这种味觉的感受和体验，至今依然是海鲜菜肴烹饪质量的一个重要考量因素。

舟山地区近1400个岛屿多处于近海，岛屿四周及附近海区营养物质丰富，有利于水生生物栖息。良好的海洋生态环境，使舟山的各种鱼类与其他海域的鱼类在肉质、营养价值等方面相比，具有很大的优势。丰富的海鲜物产从物质上满足了人们对于“鲜”的要求。海鲜菜肴的特色就是活鱼现杀、海鲜现烹、因料施技、极尽其味。现在不少饭店都喜欢以海鲜作为卖点进行宣传以吸引消费者，如清水煮虾、清水蛤蜊、清蒸螃蟹、鲜鱼汤、生鱼片等。烹饪方式看似简单，却最大程度地体现了“鲜”这个字，因此受到越来越多消费者的青睐（图4-1）。

图4-1　舟山海鲜一景

2.海鲜烹饪注重原汁原味

海鲜烹饪重本味、轻形状，在制作过程中非常注重原料本味的保留。如春秋战国就有记载的“黄鱼鲞”，宋代初期曾为贡品的淡菜干（“贡干”）以及“红膏炝蟹”等，都具有原汁原味的特色。以清蒸方式烹调的海鲜菜肴，同样完美地体现了“原汁原味”。图4-2为渔民在船上直接晒制的鱼鲞。

中国人吃海鲜讲究鲜美，烹饪方式多以简单的水煮为主。在20世纪70年代就有研究指出，人类的舌头除了可以感知酸甜苦辣咸五味之外，还能感知到另一味道，就是常说的“鲜”味。而简单的水煮烹饪方式，可以将海鲜的“鲜”放大到极致。例如舟山的石斑鱼，肉质细腻，历来是海中珍品；黄鱼是舟山四大鱼类之一，舟山人将其配以雪菜笋片烧制而成，咸鲜合一，汤汁乳白、味醇肉嫩；舟山带鱼以其肉厚、油润、味鲜著称，除红烧以外，舟山人还特别喜欢清蒸、腌制、风干等吃法。舟山传统名菜“三鲍勒鲞”，是将香鱼（刀鱼），用盐经过3次腌制而成。吃时配以鸭蛋、火腿片、姜片、黄酒等副料蒸制，肉质红嫩，咸鲜可口；还有清汤鱼丸、凉拌海蜇等，都是让遍尝美食的老饕（tāo）也食指大动的美味。

图4-2　渔民在船上直接晒制鱼鲞

海鲜烹饪以追求原汁原味来体现平淡之美，不仅历史悠久，在东南沿海一带也是独树一帜。

3.海鲜烹饪不失丰富营养

海鲜烹饪也非常讲究“调味”，善于通过调节，达到平衡。内地居民多认为海鲜味腥，初次品尝海鲜，可能难以接受。为了最大程度地满足消费者，海鲜菜肴烹调前，一般都要通过一些方法除去腥味，但同时要保证海鲜成菜的鲜美可口。

除腥一般多采用鲜姜泥加温开水浸制成的姜汁加适量食醋。这种混合汁不仅能去腥提鲜，解去油腻，而且还有开胃散寒、增进食欲、促进消化的功效。

《吕氏春秋·览·孝行览》曰："凡味之本，水最为始，五味三材，九沸九变，火为之纪"；"鼎中之变，精妙微纤，口弗能言，志弗能喻。若射御之微，阴阳之化，四时之数。故久而不弊，熟而不烂，甘而不哝，酸而不酷，咸而不减，辛而不烈，澹而不薄，肥而不腻"。这几句话把中国烹饪技巧的辩证思想阐述得淋漓尽致。

海鲜原材料质地细嫩脆爽，准确掌握火候是做好海鲜菜肴、使海鲜菜肴不失营养之关键。烹制时一旦火候过老，原料就会老韧、嚼不烂；而如果火候过嫩，原料未熟，口感不好，甚至吃后还会引起肠胃不适。

海鲜烹饪是一门技术，更是一门艺术。人们在享受海鲜美味的同时，也传承着海洋文化，发展着海洋经济。海鲜烹饪，不止于味道鲜美，满足人们口腹之欲。

二、清蒸梭子蟹

三疣梭子蟹，俗称白蟹。因头胸甲呈梭子形，故名梭子蟹。梭子蟹肉肥味美，有较高的营养价值和经济价值。蟹肉性寒，味咸，具有舒筋益气、理胃消食、通经络、散诸热、清热、滋阴之功效。

梭子蟹在我国南北沿海都有分布，为舟山渔业捕捞及海水养殖的主要经济蟹类之一。梭子蟹四季均可捕获，但以秋末冬初捕获的雌蟹红膏（性腺）最为肥美。

（一）挑选技巧

一看蟹壳。凡壳背呈黑绿色、带有光泽，则肉多厚且壮实；壳背呈黄色的，大多较瘦弱。

二看肚脐。肚脐凸出来的，一般都是膏肥脂满；凹进去的，大多膘体不足。

三看螯足。凡螯足上绒毛丛生，多螯足老健；而螯足无绒毛，则体软无力。

四看活力。将螃蟹翻转身来，使其腹部朝天。能迅速用螯足来回翻转的螃蟹，有活力，可保存；不能翻回的，活力差，存放的时间不能长。

五看雄雌。农历八、九月里挑雄蟹，十月过后选雌蟹。因为雌雄螃蟹分别在这两个时间性腺成熟，滋味及营养最佳。图4-3、图4-4为雌蟹背面及腹面外观。

图4-3　雌蟹背面

图4-4　雌蟹腹面

（二）原料

清蒸梭子蟹原料主要包括：梭子蟹、料酒、葱、姜、蒜、生抽、醋。

（三）烹饪流程

（1）将梭子蟹清洗干净，用刷子刷去蟹壳上的脏污。

（2）锅内放入适量水，放上蒸格。

（3）将螃蟹腹面向上放入锅中（图4-5）。这种蒸法使蟹膏更容易蒸熟，螃蟹也不会因为蒸的时间太长而营养流失；最后，放入少量的姜丝去腥，蒸制15分钟（图4-6）。

（4）将葱、姜、蒜切末，与醋、生抽一起放入小碗里调成汁备用，新鲜美味、营养丰富的清蒸螃蟹出锅。

图4-5 螃蟹入锅

图4-6 清蒸梭子蟹

（四）食用小提醒

1.不吃隔夜蟹

梭子蟹富含组氨酸，死后其体内的组氨酸在某些维生素的作用下，会分解为组胺。回锅加热虽然可杀灭病原微生物，却不能破坏毒素，从而导致食用者组氨酸中毒。因此，蟹最好现蒸现吃，一般不要超过4小时。

2.不吃生蟹，醉蟹

我国一些地区有吃生蟹、醉蟹的习惯，但梭子蟹体内含有各种病原微生物，尤其是肺吸虫幼虫、虫卵感染率很高，即使用高度白酒浸泡也很难杀死。吃生蟹、醉蟹，极易诱发肺吸虫病，引起咳嗽咯血，如果病毒进入脑部，还会引起瘫痪。

3.不吃四“部件”

梭子蟹的体表、腮部和胃肠道中，细菌、致病微生物含量非常高。因此，吃时必须除尽蟹腮、蟹肠、蟹心（俗称“六角板”）和蟹胃（即三角形的骨质小包，内有泥沙）。

4.不与柿子、花生，冷饮等同食

由于柿子中的鞣酸物质较多，会使蟹肉中的蛋白质凝固，不利于消化；且凝固的物质可长时间留在肠道内，发酵腐败后，会引起腹痛、呕吐、腹泻，故柿子与螃蟹不可同食。花生仁脂肪含量超过40%，油腻之物与性寒的蟹同吃，容易导致腹泻。此外，冷水、冰激凌等若与蟹同吃，极易刺激肠胃，导致腹泻。同样，西红柿也不宜与螃蟹同吃，两者都同属寒性食物，同吃容易也导致腹泻。

（五）舟山民间谚语

长将冷眼观螃蟹，看它横行到几时。

老蟹还是小蟹乖，小蟹打洞会转弯。

三、咸菜大汤黄鱼

黄鱼，俗称大鲜，又名黄花鱼，为我国四大海洋经济鱼类之一。黄鱼体延长，侧扁，呈金黄色，且含有丰富的蛋白质、微量元素和维生素，对人体有很好的补益作用（图4-7、图4-8）。

图4-7 大黄鱼

图4-8 小黄鱼

（一）挑选技巧

1. 辨别大黄鱼与黄姑鱼

由于近年来我国大黄鱼资源急剧减少，渔汛消失。有些无良商贩将黄姑鱼冒充大黄鱼欺骗消费者。

其实，大黄鱼与黄姑鱼虽外形相似，颜色相近，但有各不相同的形态特征。大黄鱼，体长一般30～40厘米；呈椭圆形侧扁，尾柄细长，且长度为高度的3倍多；头大而侧扁，全身金黄色。而黄姑鱼，一般体长20厘米；体延长、侧扁；头尖、吻短，微突出；体背部浅灰色，两侧浅黄色，胸、腹及臀鳍基部带红色，有多条黑褐色。

黄姑鱼肉质坚实，口感类似于所谓“蒜瓣肉”，但与细嫩鲜美的大黄鱼相去甚远。

如今，野生大黄鱼已濒临灭绝，被列入国家保护动物名录，我们要保护野生大黄鱼，拒食野生大黄鱼。

2. 分辨黄鱼的新鲜度

（1）嘴：新鲜的鱼嘴比较干净，次品鱼嘴里会比较脏；选购时可捏开嘴看一下。

（2）鳃：鳃盖紧闭，不易抠开，鳃片鲜红带血，无黏液、无臭味的为新鲜鱼。

（3）眼：新鲜的鱼眼球凸起，黑白分明，表面有光泽；新鲜度差的鱼，眼睛下陷，混浊有白蒙；腐败鱼的眼混浊呈红色，有的鱼眼睛甚至会塌瘪。

（4）鱼鳞和鱼皮：新鲜的鱼的鳞片紧贴鱼皮，不易掉鳞和剥皮；质次、不新鲜的鱼的鳞片松弛、易脱落。

（5）鱼肉：用手指按压鱼体时，有硬度及弹性；手抬起后，肌肉迅速复原的为新鲜的鱼，凹陷深而缺乏弹性的则不新鲜。

（6）外形：鱼体如瘫软变形、鱼肚膨胀、肛门周围突出，不清洁或腐败且有红色液体流出的为质次或变质鱼。

（二）原料

咸菜大汤黄鱼的主要原料包括：黄鱼、咸菜梗、冬笋、姜、葱、猪油、黄酒、味精。

（三）烹饪流程

（1）黄鱼剖洗净后，剁去鳍，鱼身两侧每隔3厘米剞上一刀。

（2）咸菜梗清洗干净后切成粒；冬笋切成2毫米厚的片。

（3）炒锅置旺火上烧热后加入猪油，待油热后将黄鱼入锅，两面稍煎，烹入黄酒，加盖焖3分钟。

（4）添沸水至没过黄鱼，放入葱结，姜片，改小火焖至鱼八成熟。

（5）转旺火加入笋片、咸菜煮至鱼熟。

（6）拣去葱、姜，调入味精，即可起锅（图4-9）。

图4-9 咸菜大汤黄鱼

（四）食用小提醒

黄鱼不能与中药荆芥同食；吃鱼前后2小时忌喝茶；不宜与荞麦同食。

（五）舟山民间谚语

“癞司”跳，黄鱼叫。

大水珂黄鱼，小水珂乌贼。

四、红烧带鱼

带鱼，俗称裙带鱼，因身体扁长似带而得名，以舟山所产为最佳。带鱼肉肥刺少，味道鲜美，营养丰富，脂肪含量高，且多为不饱和脂肪酸，这种脂肪酸的碳链较长，具有降低胆固醇的作用。鲜食、腌制均可。带鱼和大黄鱼、小黄鱼及乌贼并称为我国的“四大海产”。

（一）挑选技巧

带鱼味道鲜美，深受食客喜爱。挑选带鱼可以观察五点，即“三小一厚多油脂”。“三小”是指个小、头小、眼睛小。个小、头小很容易理解。眼睛小是指眼珠小，带鱼眼珠呈黑色；眼白呈白色且占比大。“一厚”是指带鱼的厚实度，用手指捏捏整条带鱼的中间，如果能明显感受到带鱼的厚实，且摸后手指上会覆有一层明显的油脂（即“多油脂”），就是优质带鱼，如图4-10所示。

图4-10　优质带鱼

（二）原料

红烧带鱼的主要原料包括带鱼、料酒、姜片、葱、烹调油、八角、生抽、老抽、料酒、白糖、味精、盐。

（三）烹饪流程

（1）把带鱼清洗干净，把鱼的内脏、头部全部去掉，然后再剁成大小相同的鱼块，葱、姜全部准备好，如图4-11所示。

（2）清洗好的带鱼，用小刀在鱼身上均匀地划上几刀，这样红烧出来的带鱼才会更入味。

（3）炒锅置于旺火上烧热，在锅内倒入适量的油，油烧热之后调小火力，小心将带鱼放入锅中，慢慢地煎一下。煎带鱼的时候一定要用中火煎，煎完一面之后，再用铲子翻过来煎另一面。

（4）带鱼煎好之后，就可以把葱、姜、八角全部放入锅内，然后再加上生抽、老抽、料酒，用大火把香味烹出来。

图4-11　清洗带鱼备用

（5）锅中加入适量的清水，用大火烧开，然后加入白糖、味精，再用大火继续烧，直到带鱼完全入味。

（6）最后再加大火力，大火收汁之后，视口味加入少许盐可以出锅了。将带鱼盛盘之后，可以撒一些葱花点缀一下，即告完成。如图4-12所示。

图4-12　红烧带鱼

（四）食用小提醒

带鱼属动风发物，凡患有疥疮、湿疹等皮肤病或皮肤过敏者，癌症及红斑狼疮、痈疖疔毒、淋巴结核、支气管哮喘等病症患者不宜食用。适宜久病体虚、血虚头晕、气短乏力、食少羸瘦、营养不良之人食用；适宜皮肤干燥之人食用。

带鱼不可用牛油、羊油煎炸；不能和生花生一起吃；不能和甘草、荆芥一起吃，否则食后更易动风。

（五）舟山民间谚语

十一月带鱼两头尖， 抲鱼抲到海礁边。

带鱼两头尖，生在海礁边；要想吃带鱼，还在浪岗面。

五、鮸鱼羹

鮸鱼，俗称米鱼，为暖温性中下层鱼类，主要栖息于15～70米的沿岸和近海水域；最大体长可达0.8米，重5千克以上；舟山海域常年可捕获。鮸鱼在中医学上具有食补的温和疗效。吃鮸鱼能补血，还能润肺健脾、强健身体。其中鮸鱼鳔是鱼鳔中的珍品，为高蛋白滋补品。

（一）挑选技巧

一看外观：鱼表皮有光泽，鳞片完整，眼球饱满突出，角膜透明，鱼鳃色泽鲜红，鳃盖紧闭，如图4-13所示。

图4-13 新鲜鮸鱼

二手摸：肉质坚实，富有弹性。

三闻气味：略有腥味。

四尝味道：口尝一点，略有甘味、咸味。

（二）原料

鮸鱼羹的主要原料包括：新鲜鮸鱼、芹菜、金针菇、盐、淀粉、麻油。

（三）烹饪流程

（1）将新鲜鮸鱼去骨去刺，鮸鱼肉切大丁，金针菇切小丁，芹菜梗切末备用。

（2）取锅一只，盛清水700克。置火上加热至沸时，将鮸鱼丁和金针菇丁入锅。

（3）待鱼肉熟透，调好味，用淀粉勾芡，随即撒上芹菜末，麻油即可（图4-14）。

图4-14 鮸鱼羹

（四）食用小提醒

湿疹、痛风、红斑狼疮、哮喘、咳嗽患者忌食鮸鱼，以免诱发疾病，对健康不利。

（五）舟山民间谚语

宁可荒掉廿亩稻，不可错过鮸鱼脑。

秋季八月吃鮸鱼。

六、葱油海瓜子

海瓜子，学名寻氏肌蛤，俗称薄壳，是一种浅色小型贝类海产品。海瓜子体形虽小得不起眼，但鲜美程度却不逊色于其他海产。世界华人健康饮食协会荣誉主席蔡澜先生曾如此评价这种食物："享受这道菜，是碗底剩下的汤汁，没有其他海产比它更鲜甜的了。"海瓜子味道鲜美，含有丰富的蛋白质、铁、钙等多种营养成分，是一种营养价值高的大众化海产品。

（一）挑选技巧

挑选鲜活海瓜子，观察贝壳是否紧闭而不易揭开，如果贝壳张开，用手触之即可合拢，且贝壳内之物色泽淡雅，闻之有淡淡的海水腥味，则为鲜活海瓜子（图4-15）；如果外壳松弛易揭，口开时触动壳仍不闭合，拨开贝壳发现液体混浊且有比较浓的腥味，则表明海瓜子已死。

图4-15 新鲜海瓜子

（二）原料

葱油海瓜子的主要原料包括海瓜子、食用油、料酒、生抽、盐、蒜蓉、葱花、白糖。

（三）烹饪流程

（1）将装有海瓜子的塑料小筐放在清水中浸泡30分钟，让其吐出泥沙。再加少许盐，并转动筐子，使其相互摩擦以清洗掉外壳上的泥沙，沥干水分备用。

（2）炒锅里放半碗开水，加入1汤匙油，2汤匙生抽、2汤匙料酒、1小勺白糖、一小撮蒜蓉、盐少许，烧至沸腾。

（3）倒入洗净的海瓜子，轻轻转动炒锅，不要用铲子翻炒。盖上锅盖约2分钟后打开，看到海瓜子壳开了就关火，不要煮太久，以免肉质过老。

（4）将海瓜子盛入盘中，撒上葱花。

（5）炒锅洗净后重新烧热，倒入2～3汤匙的油烧热，油温在八九成热时起锅将油泼在葱花上面。葱油海瓜子即告完成，如图4-16所示。

图4-16 葱油海瓜子

（四）食用小提醒

（1）不能与寒凉食物同食。海瓜子本性寒凉，应避免与空心菜、黄瓜等性寒食物同食。食后也不应该马上饮（食）用冷饮等；还要注意少吃或者不吃西瓜、梨等性寒水果，以免导致身体不适。

（2）不能与啤酒、红葡萄酒同食。食用海瓜子时若饮用大量啤酒，会产生大量尿酸，从而引发痛风，并引起关节和软组织发炎。

（3）皮肤病患者禁食。海瓜子富含蛋白质，对一些人来说可能会成为过敏原，引起过敏反应，或使原来的皮肤病复发、加重。

（4）海瓜子必须煮熟食用。海瓜子体内可能含寄生虫卵、细菌（如副溶血性弧菌等）以及加工过程中引入的细菌。因此一定要在沸水中煮4～5分钟才能保证彻底杀灭细菌。

（五）舟山民间谚语

笑得像晒煞蛤皮——合不拢嘴。

冷水蛎子热水蛤。

七、熏马鲛鱼

马鲛鱼，俗称鲅鱼，舟山海域四季都有捕获。马鲛鱼肉质细嫩洁白、糯软鲜爽、营养丰富，尤其尾部的味道特别好，且物美价廉，素有“鲳鱼嘴，马鲛尾”之说。据分析，每百克鱼肉含蛋白质19.1克，脂肪2.5克，并含多种维生素等。马鲛鱼的食用方法多种多样，既可鲜食，也可腌制。鲜食时可清蒸、油炸、炒鱼片等；若用鱼肉煲粥或煎煮为汤，则色味清美、甜滑可口。马鲛鱼氽丸汤，更是丸香、汤鲜、味美的人间至味。

（一）挑选技巧

一看外观亮度：在选购马鲛鱼的时候，需要看看外皮亮度如何。亮度比较高的是比较新鲜的马鲛鱼，反之则新鲜度较差。

二看表面是否光滑：好的马鲛鱼表面比较光滑，反之则较粗糙。这种粗糙用手可以感觉出来。

三看肚子是否软：挑选马鲛鱼时，若发现肚子已经发软，则不要购买。这种鱼很可能内脏已经开始腐烂。

四看大小：挑选马鲛鱼应选大一些的。大一些肉质较好；太小的马鲛鱼则肉质欠佳，如图4-17所示。

图4-17 马鲛鱼

（二）原料

熏马鲛鱼的主要原料包括马鲛鱼、食用油、料酒、酱油、味精、白糖、番茄酱、米醋、盐。

（三）烹饪流程

（1）把新鲜的马鲛鱼洗净外表后放入冰箱冷藏层进行速冻。

（2）然后去头尾切成厚薄适中大约1厘米厚的鱼片。

（3）盐、酱油、味精、料酒适量，腌制1小时左右。

（4）然后放在竹匾中晾晒6小时左右，如图4-18所示为腌制晾晒后的马鲛鱼片。

（5）炒锅中放油，油温烧制七成热时放入马鲛鱼片，炸至结壳，再改用五成油温炸酥捞出。

（6）原锅倒去油加少量清水，将白糖熬化，加番茄酱、米醋调成糖醋汁。将炸好的马鲛鱼片倒入锅中翻滚熘制入味后，即捞出装盘，如图4-19所示。

（四）食用小提醒

马鲛鱼的肝脏有毒，必须处理干净以后才能食用。变质的马鲛鱼会产生大量毒素，食用以后会出现腹痛或者腹泻等中毒反应。因此一旦发现有变质迹象，切勿再食用。隔夜马鲛鱼不适宜食用，以免中毒。消化道疾病患者忌食马鲛鱼。

图4–18　腌制晾晒后的马鲛鱼片

图4–19　熏马鲛鱼

（五）舟山民间谚语

马鲛鱼——嘴硬骨头酥。

青占与马鲛，鲜美胜羊羔。

八、世界各地的海鲜美食节

美食节是以节庆的形式，汇集某一地域或者某些区域的美食进行展销。美食节是很多地方文化生活的一部分。

改革开放后，美食节成为我国繁荣食品加工制造行业、促进旅游业发展、打造城市名片的重要活动形式之一。而海鲜美食节更是以海鲜为主打项目，凸显海洋文化特色的节日盛会。

（一）加拿大

加拿大是世界上最主要的渔业国之一，有着世界上最长的海岸线，其天然、健康、美味、优质的海鲜誉满全球。2006年的加拿大海鲜美食节活动展出了“海鲜之王”大西洋龙虾、世界上最大最长寿的象拔蚌、帝王蟹、雪蟹等20余种优质海鲜产品。名厨们现场演绎海鲜版的“庖丁解牛”，各施绝技，精心烹制出一道道海鲜大餐。

（二）日本

日本四面临海。俗话说“靠海吃海”，在很多人的印象里，日本美食中都有一抹挥之不去的海的气息。日本人也称自己的国家为“魚の国、宝の国”，表示所有来自日本海域的海鲜都新鲜、美味，如珍宝一般。每年秋冬季都会在东京的日比谷公园举行“全国鱼市场&鱼河岸祭”，活动一般会持续三四天。与会店铺数多达70余家，有几百种海鲜美食供到场的食客们慢慢品尝。游客们每天都可以在弥漫着鲜香诱人的海洋气息中大快朵颐，如图4-20所示为日本海鲜美食节现场。

（三）爱尔兰

每年九月的最后一个周末，高威市（位于爱尔兰）都会举办高威国际生蚝美食节。除了品尝美食，还有一些特色活动如开蚝（剥牡蛎壳）等特别吸引游客眼球；美食节上还会举办一些关于美食的讲座；高威最好的餐厅也会在此期间推出新菜品并举办试吃活动。高威国际生蚝美食节始于1954年，每年都会迎来超过100万人次的游客、消费超过300万只生蚝，以及大量香槟。每个人都在美食和欢乐氛围中感受爱尔兰最好的生蚝、香槟和音乐，如图4-21所示为爱尔兰高威国际生蚝美食节现场。

图4-20　日本海鲜美食节

图4-21　爱尔兰高威国际生蚝美食节

（四）我国的海鲜美食节

1.中国（威海）国际海鲜美食节

位于山东半岛的威海海洋优势明显，海岸线长达985.9千米，约占山东省的1/3、全国的1/18。海洋物产丰富多样，盛产对虾、海参、鲍鱼、贝类、藻类及各种经济鱼类。“威海刺参”“荣成海带”“乳山牡蛎”等地理标志产品享誉海内外。威海的远洋捕捞能力处于全国领先水平，威海也被确定为中国远洋水产品加工物流基地、中国海洋食品名城。威海海鲜以其原滋真味、烹法自然、清脆鲜嫩、平和适中、健康养生的特点深受大众喜爱。有上述特色，威海的国际海鲜美食节也就应运而生。2019年4月，首届中国（威海）国际海鲜美食节开幕。美食节活动精彩纷呈，同时还开展“四季威海康养福地”健康养生主题宴的推广（图4-22），举办海参、海带、牡蛎烹饪大奖赛等活动。

图4-22 健康养生主题宴

2.中国海鲜美食文化节

中国海鲜美食文化节是浙江省舟山市三大节庆之一，由舟山市人民政府主办。自2003年起，每年举办一次。其宗旨是以“中国海鲜，吃在舟山”为理念，挖掘和弘扬具有浓郁海洋海岛特色的海鲜美食文化，系统地宣传推介舟山的特色海鲜美食，推动舟山旅游业和餐饮业的发展。在2011年中国海鲜美食文化节上，来自人民大会堂、钓鱼台国宾馆等的国宴大师，首次用国宴烧制标准和技法，烧出全新的舟山海鲜；在2012年的海鲜美食文化节上，3位来自北京新闻大厦酒店的大厨，仅用一个半小时就烹饪出一桌由近20道美味佳肴组成的京味养生宴。而这桌养生宴的主要食材正是舟山本地的海鲜食材。舟山正在通过海鲜美食文化节这个平台，集中国顶级海鲜美食家、国宴大师、餐饮企业家的智慧，共同探讨中国海鲜美食文化的传承与发扬，海鲜的安全食用与烹饪技艺的提升，海鲜美食的创新与发展。如图4-23所示为舟山举办的中国海鲜美食文化节。

图4-23　海鲜美食文化节现场

2015年，作为国际海岛旅游大会配套活动之一的舟山群岛新区海鲜美食节在舟山国际水产城渔民广场举行，历时一个月。期间进行了海鲜美食展示展销、餐饮主题日、海边海鲜烧烤渔家乐、特色菜肴人气榜、民间厨艺达人挑战赛、网上海鲜美食大促销、2015浙江名品展、2015老字号精品博览会、中国浙江(国际)餐饮美食博览会暨“第五届浙江厨师节”等一系列线上线下活动，让市民和游客充分领略了舟山海鲜美食的魅力，享受到了旅游、美食的乐趣，更促进了舟山餐饮业、旅游业的发展。

参考文献

陈长芳, 2019. 中餐海鲜烹饪大全[M]. 北京：旅游教育出版社.

冯淑英, 赵盛龙, 2014. 舟山海鲜养生.上册[M]. 杭州：浙江科学技术出版社.

王世光, 王瑞瑞, 陈瑜, 等, 2019. 浅谈舟山海鲜之舟山鳓鱼[J]. 食品安全导刊(15): 173−174.

翁源昌, 2009. 舟山海鲜菜的美学内涵[J]. 扬州大学烹饪学报(1):14−16.

后 记

本丛书从设计到完成编写经历了四年多的时间，终于顺利出版了，倍感欣慰且富有成就感。

组织这套丛书的初衷就是把多年来教师在学校里开展的色彩缤纷、丰富多样但又稍显杂乱无序的个体化的海洋教学实践，进行提炼、提升和推广，使之更科学、更有效地为海洋教育服务。同时，希望把海洋教育从传统海洋知识教育向实践体验转变；从被动学习向主动研究性学习转变；从单一的关于海洋的认知向海洋审美、海洋艺术和海洋体育等方面拓展。现在这些目标已经基本实现。

本丛书在编写过程中，编写者也不断成长，也有不少收获。包括本丛书编者张英、李红雁老师在内的沈家门小学海洋教育教师团队荣获“2017年度中国海洋人物”荣誉称号；沈家门小学承担的“多通道选择性实施海纳校本课程的实践探索”和普陀区教育局承担的“区域推进现代海洋教育的实践研究”分别获得2016年度浙江省基础教育成果一、二等奖；多篇论文在核心和学术期刊发表；多位编者承担了市级以上的海洋教育公开课。编写团队还收到多家学校和教育机构的邀请，进行学术和教学交流。两位参编作者被聘为中国太平洋学会海洋科普与传播专业委员会智库专家。

现在看来，这套丛书和以参编作者为代表的一线海洋教育者们是一起成长的。这套丛书的出版只是一个阶段性成果，我们不会就此止步。为了使海洋意识教育形成规模、形成系统，我们还要克服困难、砥砺前行。

我们的信念是：做好海洋教育，是普陀教育人的梦想和孜孜不倦的追求。

编写组

2020年8月